Wissenschaftliche Taschenbücher WTB

Mathematik · Physik

Wolfgang Meiling

Digitalrechner in der elektronischen Meßtechnik

I

Akademie-Verlag · Berlin

WTB Wissenschaftliche Taschenbücher

Zuletzt erschienene Bände:

JOACHIM AUTH / DIETMAR GENZOW
KLAUS H. HERRMANN
Photoelektrische Erscheinungen

K. CH. DELOKAROV
Relativitätstheorie und Materialismus

GERHARD GEISELER / HEINZ SEIDEL
Die Wasserstoffbrückenbindung

W. S. LETOCHOW
Laserspektroskopie

HANS LUPPA
Grundlagen der Histochemie
Teil I und II

HORST REMANE / RAINER HERZSCHUH
Massenspektrometrie in der organischen Chemie

J. V. SAČKOV
Wahrscheinlichkeit und Struktur

E. M. SAWIZKI
Perspektiven der Metallforschung

Die Schöpfer der physikalischen Optik
Eine Artikelsammlung

VOLKMAR SCHURICHT
Kernexplosionen für friedliche Zwecke

MICHAEL THEILE
SIEGRFIED SCHERNECK
Zellgenetik

GERHARD WUNSCH
Zellulare Systeme

Vorschau auf die nächsten Bände:

JOACHIM BELLACH / PETER FRANKEN
ELKE WARMUTH / WALTER WARMUTH
Maß, Integral und bedingter Erwartungswert

GOTTFRIED FRITZSCHE
Netzwerke
Band 1: Grundlagen und Entwurf passiver Analogzweipole

EDUARD HERLT / NIKOLAUS SALIÉ
Spezielle Relativitätstheorie

LOTHAR JÄGER
Grundlagen der klinischen Immunologie

PETER PAUFLER
GUSTAV E. R. SCHULZE
Physikalische Grundlagen mechanischer Festkörpereigenschaften
Teil I und II

ALBRECHT ROST
Messung dielektrischer Stoffeigenschaften

HANS-GEORG SCHÖPF
Von Kirchhoff bis Planck
Theorie der Wärmestrahlung in historisch-kritischer Darstellung

NORBERT SIEBER
HANS-PETER LEIDHOLD
Einführung in die Datenverarbeitung

RENATE WAHSNER
Mensch und Kosmos
Die copernicanische Wende

WTB

BAND 236

Wolfgang Meiling

Digitalrechner in der elektronischen Meßtechnik I

Meßmethodik

Mit 39 Abbildungen und 10 Tabellen

AKADEMIE-VERLAG · BERLIN

Reihe MATHEMATIK UND PHYSIK

Herausgeber:

Prof. Dr. phil. habil. W. Holzmüller, Leipzig
Prof. Dr. phil. habil. A. Lösche, Leipzig
Prof. Dr. phil. habil. H. Reichardt, Berlin
Prof. Dr. phil. habil. K. Schröder, Berlin
Prof. Dr. rer. nat. habil. H.-J. Treder, Potsdam

Verfasser:

Prof. Dr. rer. nat. habil. Wolfgang Meiling

Technische Universität Dresden

1978

Erschienen im Akademie-Verlag, 108 Berlin, Leipziger Straße 3—4

Lizenznummer: 202 · 100/403/78
Herstellung: VEB Druckhaus „Maxim Gorki", 74 Altenburg
Bestellnummer: 762 533 1 (7236) · LSV 1085
Printed in GDR
DDR 8,–

Vorwort

Die elektrische Meßtechnik im Laboratorium und Prüffeld und bei industriellen Prozessen hat sich in den vergangenen Jahren sehr stark entwickelt. Leistungsfähige Bauelemente, verbesserte und neuartige Meßgeräte und steigende Anforderungen aus dem zu untersuchenden Vorgang schlugen sich in einem erheblichen Anwachsen der Datenmengen nieder. Die Entwicklung eines breiten Spektrums von Digitalrechnern, die nach vorgegebenem Programm große Datenmengen erfassen und verarbeiten können, legte es bereits Anfang der sechziger Jahre nahe, Meßsystem und Rechner direkt zu koppeln, dem Rechner mit seiner Peripherie die Datenspeicherung und -verarbeitung zu übertragen und ein mehr oder weniger automatisiertes System zu schaffen.

In vielen Anwendungsfällen der Grundlagen- und angewandten Forschung sowie der Prozeßsteuerungs- und -regelungstechnik hat sich seit den ersten Anfängen die Kopplung des Meßgeräts bzw. des Prozesses mit einem Digitalrechner hervorragend bewährt. Es haben sich auch gewisse Standardlösungen herausgebildet. Die erste davon betrifft den Rechner selbst: es werden vorrangig sogenannte Kleinsteuer- und Prozeßrechner eingesetzt. Der zweite Aspekt bezieht sich auf die Interfaces, die den Informationstransport zwischen dem Rechner und den angeschlossenen Geräten übernehmen und die während der Einsatzvorbereitung mitunter aufwendige elektronische Anpassungsarbeiten erfordern.

Im vorliegenden Taschenbuch, Digitalrechner I, wird eine Übersicht über die Methodik bei rechnergekoppelten Meßsystemen gegeben, ohne Vollständigkeit anstreben zu können — bereits eine ausführliche Bibliographie zu dieser Thematik würde den Umfang des Taschenbuches übersteigen. Es werden Fragen der Meßmethoden, insbesondere der Datenerfassung und -verarbeitung mit Digitalrechnern, behandelt. Der Inhalt bezieht sich auf den Rechnereinsatz zur Durchführung von Messungen und zur Steuerung von Meßsystemen im Labor und Prüffeld. Probleme des Prozeßrechnereinsatzes in industriellen Prozessen werden nur gestreift — hierüber gibt es zahlreiche zusammenfassende Darstellungen.

Das Taschenbuch Digitalrechner II ist der Gerätetechnik und einigen Anwendungsbeispielen gewidmet. Breiten Raum nimmt die Besprechung von Interfaces ein, die für den Aufbau und den Betrieb rechnergekoppelter Meßanordnungen große Bedeutung besitzen. Das Inhaltsverzeichnis von Band II befindet sich hinter dem von Band I.

Anliegen des Autors ist es, dem Leser, gleichgültig ob Physiker, Chemiker, Medizintechniker oder Ingenieur, einen Einblick in die Vielfalt der zu lösenden Aufgaben zu vermitteln, wenn er sich mit dem Gedanken trägt, seine Meßapparatur durch die Kopplung mit einem Rechner zu erweitern und zu automatisieren. Oft genug wird der erforderliche Aufwand unterschätzt, so daß der betreffende Wissenschaftler statt der erhofften Rationalisierung und Intensivierung seiner Untersuchungen in der Forschungsarbeit zumindest zeitweise behindert wird. Eine gute Sachkenntnis über die Vorgänge im Rechner und Interface und über die Prinzipien und Wirkungsweise der Programme ist nötig, um die Leistungs- und Anpassungsfähigkeit des rechnergekoppelten Meßsystems richtig einschätzen zu können, den Rechner routinemäßig zu benutzen und den Aufwand für die Realisierung neuer Anforderungen beurteilen zu können. In gleicher Weise muß auch der Mitarbeiter des Kollektivs, der sich vorrangig mit schaltungs- und programmtechnischen Aufgaben befaßt, über die Art der Untersuchungen und deren wesentliche Parameter gut informiert sein, wenn er eine optimale Lösung finden will.

Für den Leser des Taschenbuches sind einige Grundkenntnisse zur elektronischen Digitaltechnik wünschenswert. Probleme der mathematischen Analyse zur Optimierung des Meßprozesses werden nicht behandelt. Die vorwiegend dem zweiten Teil vorbehaltene Darstellung der Gerätetechnik orientiert sich weitgehend auf solche Lösungen, die in den RGW-Ländern von Bedeutung sind, kann aber nicht das Studium der Dokumentationen von Geräten und Programmen ersetzen. Auf die spezielle Einsatzvorbereitung wie Aufstellung des Rechners, Auswahl und Qualifizierung des Bedienungspersonals wird nicht eingegangen.

Das Taschenbuch wendet sich neben dem bereits erwähnten Personenkreis vor allem an Studenten technischer Fachrichtungen und an alle, die sich für das umfangreiche und vielseitige Gebiet der Kopplung von Rechnern mit Meßsystemen interessieren. Sollte es gelingen, einen kleinen Beitrag zum Verständnis der Probleme und ihrer Lösungsmöglichkeiten zu geben, ist das Anliegen des Taschenbuches voll erfüllt. Der Autor möchte dem Akademie-Verlag, insbesondere der leitenden Lektorin Frau Dipl.-Math. R. Helle, für die fördernde Unterstützung und für die gute Zusammenarbeit bei der Drucklegung herzlich danken.

Dresden, Januar 1977 Wolfgang Meiling

Inhaltsverzeichnis

I. Meßmethodik

Inhaltsverzeichnis zu Band II

Gerätetechnik und Anwendungen

1. Einleitung

Die elektronische Rechentechnik ist zu einem unentbehrlichen Bestandteil von Meßgeräten und Meßapparaturen vor allem im Laboratorium und im Prüffeld geworden. Das betrifft Elemente der Analogrechentechnik wie rückgekoppelte Operationsverstärker ebenso wie Register, Zähler und Logikgatter, die zu den Grundbausteinen elektronischer Digitalrechner gehören. Das gilt auch für die Einbeziehung elektronischer Rechner vom abgerüsteten Spezialrechner für nur wenige Funktionen bis hin zu leistungsfähigen Prozeßrechnern zur Meßdatenerfassung und -verarbeitung sowie zur Führung und Kontrolle der Meßapparatur.

Einsatzgebiete von Kleinrechnern. Mitte der sechziger Jahre wurde der Kleinrechner vor allem für die Meßdatenerfassung von Experimentanordnungen der Kern- und Elementarteilchenphysik eingesetzt, wenn hier und im folgenden von der typischen Steuerungs- und Regelungstechnik für Industrieprozesse abgesehen wird. Mit steigendem Leistungs-Preis-Verhältnis der Kleinrechner, mit Zunahme der Kenntnisse und Erfahrungen im Rechnereinsatz für Meßapparaturen und nicht zuletzt auch mit der Herausbildung gewisser Standardlösungen für das Interface zwischen Rechner und Gerät erweiterte sich das Spektrum der Anwendungsgebiete sehr schnell. Erinnert sei nur an die Kopplung von Chromatographen und Massenspektrometern mit Rechnern oder an die Verwendung sogenannter Instrumentenrechner, die unmittelbar in die Meßapparatur eingebaut werden. Die neuere Entwicklung der Mikrorechner wird den Trend, in zunehmendem Maße auch für einfachere Laborgeräte zur Meßwertverarbeitung und Steuerung die Digitalrechentechnik einzusetzen, zweifellos noch beschleunigen. Man denke nur an Impulsgeneratoren und Frequenzanalysatoren, bei denen die Eichung, die Meßbereichseinstellung und der Durchlauf durch den interessierenden Meßbereich vom Rechner abgewickelt wird.

Die elektronische Rechentechnik brachte in vielen Fällen neue Lösungen für effektivere und rationellere Durchführung von Messungen oder ließ überhaupt erst die Durchführung umfangreicher Meßaufgaben zu, beispielsweise in der Kosmosforschung. Diese Situation ist vergleichbar mit der elektronischen Datenverarbeitung und dem Rechnereinsatz für wissenschaftlich-technische Berechnungen, der es der Forschung ermöglichte, zuvor nicht lösbare Probleme durch die nunmehr mögliche Bewältigung sehr umfangreicher numerischer Berechnungen in Angriff zu nehmen oder die Rechengeschwindigkeit so

Tabelle 1

Stand und Entwicklungstendenzen des Einsatzes von Klein- und Prozeßrechnern in der DDR [50]

Anwendungsgebiete	Einsatz der Systeme ROBOTRON 4000 und 4200 (Stand 31. 12. 1975)	Einsatz der Klein- und Prozeßrechner 1980
Wiss.-techn. und ökonomische Berechnungen	42,2%	60%
automatisierte Produktionssteuerung	42,6%	18%
Labor- und Prüffeldautomatisierung	14,2%	6%
Informationsverarbeitungssysteme	1,0%	15%
sonstige	–	1%

zu erhöhen, daß die Resultate noch genügend aktuell sind, z. B. bei der Ortung von Flugkörpern oder in der Meteorologie.

Kleinrechner werden für wissenschaftlich-technische und ökonomische Berechnungen, für die automatisierte Produktionssteuerung, für die Labor- und Prüffeldautomatisierung und als Terminals und Satellitenrechner in Informationsverarbeitungssystemen eingesetzt. Tabelle 1 gibt eine Übersicht über das Einsatzspektrum von Klein- und Prozeßrechnern in der DDR. Der relativ geringe Anteil der Labor- und Prüffeldautomatisierung bringt nicht die Vielfalt der Einsatzfälle zum Ausdruck; rund die Hälfte dieser Anwendungen bezieht sich auf den industriellen Einsatz, ein Drittel auf Forschung und ein Sechstel auf Medizin [32]. Bis 1980 wird der relative Anteil der Labor- und Prüffeldautomatisierung noch zurückgehen, bedingt durch die starke Zunahme des Kleinrechnereinsatzes für wissenschaftlich-technische und ökonomische Berechnungen. Die international bereits bestätigte Tendenz, in steigendem Maße autonome Geräte durch billige und optimal auf den Anwendungsfall abgestimmte Mikrorechner zu realisieren, wird in gleicher Richtung wirksam. Die Arbeiten zur Kopplung von Meßgeräten mit einem Klein- oder mit einem Mikrorechner weisen zahlreiche Ähnlichkeiten und Gemeinsamkeiten auf, insbesondere in der schaltungstechnischen Realisierung des Interfaces, so daß man viele Ausführungen der folgenden Kapitel auch auf den Mikrorechnereinsatz beziehen kann.

Die Kopplung einer Meßapparatur mit einem Kleinrechner ergibt bei richtiger Konfiguration des Geräte- und Programmsystems eine höhere Qualität der Labor- und Prüffeldausstattung:

- zuverlässige und schnelle Durchführung immer wiederkehrender Operationen der Meßdatenerfassung, -verarbeitung, -speicherung und -ausgabe mit Entlastung der wissenschaftlich-technischen Mitarbeiter von Routinearbeiten bei möglicher Personaleinsparung;

- Ermittlung von Zwischenresultaten zur Trendeinschätzung; Information des Operateurs über den Ablauf der Messungen und über unvorhergesehene Situationen (Alarmmeldungen), die manuelle Eingriffe erforderlich machen;
- weitgehend automatisierter Ablauf der Untersuchungen durch Steuerung der Meßapparatur; je nach Leistungsfähigkeit des Rechners, des Programmsystems und des Geräteparks läßt sich das Meßsystem kurzfristig auf einen modifizierten Meßablauf umstellen;
- rationeller Aufbau des Meßsystems durch Nutzung der für die elektronische Datenverarbeitung entwickelten, zuverlässig arbeitenden Peripherie wie Lochstreifengeräte, Bildschirmeinheiten, Drucker, Zeichengeräte und Großraumspeicher (Magnetplatte, Magnettrommel, Magnetplatte) und durch Verwendung von Elementen und Moduln, die zum Zweck der Prozeßsteuerungs- und -regelungstechnik gefertigt werden (Prozeßperipherie mit Standardinterfaces).

Grundkonfigurationen von Meßsystemen mit Rechnern. Das allgemeine Schema eines Meßsystems ist in Abb. 1 dargestellt. Die physikalischen Größen sind die Eingangsinformation für Meßwertgeber und -aufnehmer, die oftmals unmittelbar elektrische Ausgangssignale abgeben oder anderenfalls noch einen geeigneten Wandler benötigen. Zwischen der physikalischen Eingangsgröße und dem Signalträger, z. B. Spannung, Strom, Widerstand oder Frequenz, wird ein eindeutiger und zumindest über einen gewissen Bereich linearer Zusammenhang gewünscht.

Für die Weiterverarbeitung der Meßsignale gibt es ein außerordentlich breit gefächertes Spektrum von analog, digital und analog/digital arbeitenden Methoden — man denke beispielsweise an die einfache Verstärkung der Ausgangsspannung eines Thermoelements mit dem Ziel, den zeitlichen Verlauf der Temperatur auf einem Kom-

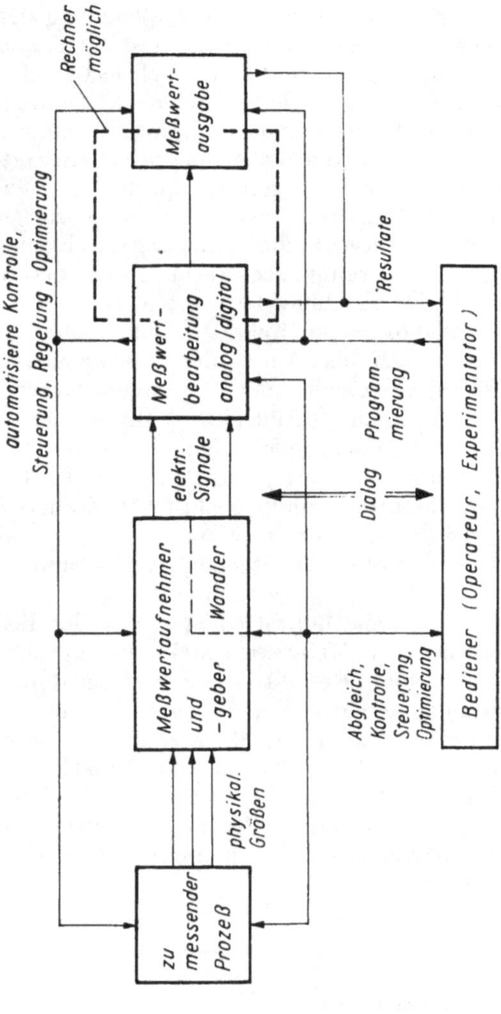

Abb. 1. Allgemeines Schema eines Meßsystems

pensationsbandschreiber graphisch darzustellen oder an ein Zählgerät, das während eines vorgegebenen Zeitintervalls die Zahl der von einem Strahlungsdetektor nachgewiesenen Strahlungspartikel ermittelt und auf einem Zifferndrucker ausgibt. Komplizierter und aufwendiger wird es, wenn viele Meßstellen (oft mehr als 100) verschiedenster Art im Zyklus von größenordnungsmäßig 1 s abgefragt und auf die Einhaltung der Grenzwerte von Temperatur, Druck u. ä. geprüft werden müssen oder wenn einzelne Meßwertaufnehmer beim Vorliegen bestimmter Parameterwerte die Bedienung durch den Rechner anfordern (Programmunterbrechungsanforderung, Interrupt). Mit der zunehmenden Verfügbarkeit von Analog-Digital-Wandlern in hybrider und monolithischer Technik wird sich der Anteil der Analogverarbeitung der Meßsignale zugunsten der Digitalverarbeitung verringern. Die möglichst „frühzeitige" Digitalisierung der Meßsignale vereinfacht viele logische und Speicheroperationen und reduziert wesentlich den Einfluß von Langzeitinstabilitäten und Nichtlinearitäten. Gleichzeitig ergeben sich günstige Voraussetzungen für den Anschluß der digital arbeitenden Klein- und Mikrorechner.

In Abb. 1 ist weiterhin angedeutet, daß der Bediener im Dialog mit dem Meßsystem steht, es abgleicht und programmiert und Resultate zur Entscheidung über deren Nutzung und den Fortgang der Untersuchungen entgegennimmt. Besitzt das Meßsystem eine Steuereinheit oder einen Rechner, können viele Funktionen automatisiert unter Programmkontrolle ablaufen. Je nach der Art der Eingliederung der Steuereinheit oder des Rechners unterscheidet man mehrere Grundkonfigurationen (Abb. 2):

Abb. 2. Grundkonfigurationen von Meßsystemen mit Rechnern;

a: off-line

b: on-line, offene Schleife

c: on-line, geschlossene Schleife

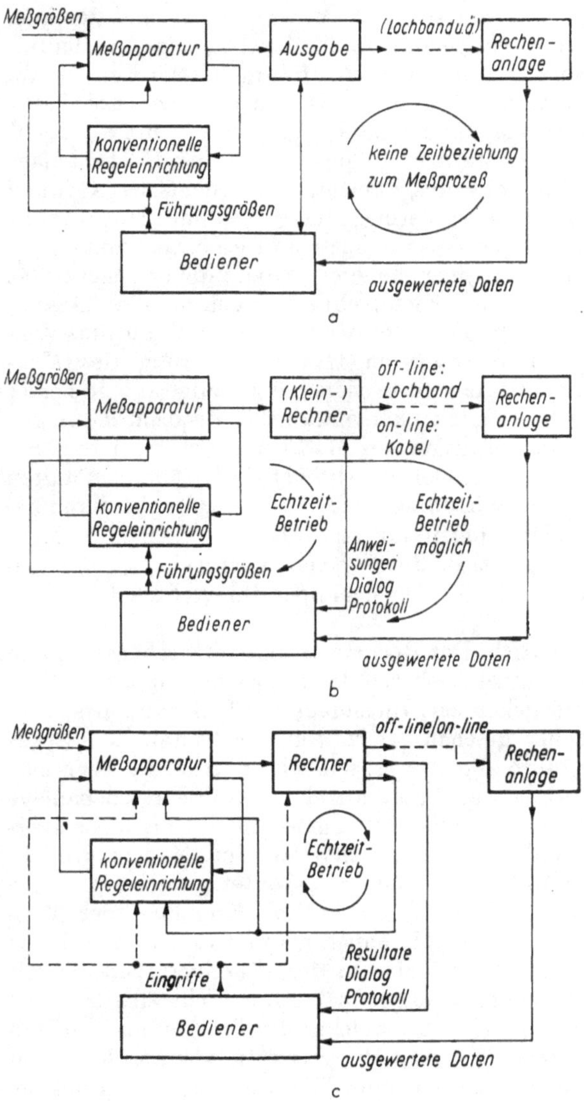
Meßgrößen
Meßapparatur
Ausgabe
(Lochband u.ä.)
Rechen-
anlage
konventionelle
Regeleinrichtung
keine Zeitbeziehung
zum Meßprozeß
Führungsgrößen
Bediener
ausgewertete Daten
a
Meßgrößen
Meßapparatur
(Klein-)
Rechner
off-line:
Lochband
on-line:
Kabel
Rechen-
anlage
konventionelle
Regeleinrichtung
Echtzeit-
Betrieb
Echtzeit-
Betrieb
möglich
Anwei-
sungen
Dialog
Protokoll
Führungsgrößen
Bediener
ausgewertete Daten
b
Meßgrößen
Meßapparatur
Rechner
off-line/on-line
Rechen-
anlage
konventionelle
Regeleinrichtung
Echtzeit-
Betrieb
Resultate
Dialog
Protokoll
Eingriffe
Bediener
ausgewertete Daten
c

Off-line Betrieb (Abb. 2a). Meßapparatur und Rechner sind nicht direkt gekoppelt. Die durch analoge und digitale Verarbeitung aufbereiteten Meßergebnisse werden auf einem maschinell lesbaren Datenträger wie Lochband, Lochkarte oder Magnetband abgespeichert und ohne zeitliche Bindung an den Meßprozeß von einer Rechenanlage im Stapelbetrieb ausgewertet. Der technische Aufwand im Meßsystem ist gering; die Programmierung für die Auswertung der Meßergebnisse im Rechenzentrum erfolgt gewöhnlich in einer höheren Programmiersprache, bei Verwendung eines Kleinrechners jedoch meist auf Assemblerniveau. Die unmittelbare Rückwirkung auf das Meßsystem für Korrekturen und Optimierung des Meßergebnisses sowie Informationen über aufgetretene Fehler sind nicht möglich; konventionelle Regeleinrichtungen können die Funktion des Meßsystems stabilisieren. Bei sehr großen Datenmengen wird der Umfang der benötigten Datenträger unhandlich groß, wenn man nicht durch geeignete Maßnahmen für eine Datenreduktion im Meßsystem sorgt, z. B. durch einen Kleinrechner, oder den Rechner direkt mit der Meßapparatur verbindet.

On-line Betrieb. Der Rechner ist ohne Zwischenschaltung eines maschinell lesbaren Datenspeichers mit der Meßapparatur gekoppelt. Im einfachsten Fall, zumindest vom Prinzip her gesehen, nicht von der technischen Realisierung, wird die Ausgabeeinheit in Abb. 2a über eine Kabelverbindung direkt an eine zentrale Rechenanlage angeschlossen, die die Daten gewöhnlich blockweise übernimmt und im Stapelbetrieb oder im Mehrprogrammbetrieb (Multiprogramming) auswertet.

Am günstigsten ist die on-line Kopplung der Meßapparatur mit einem Rechner, der im Realzeit- oder Echtzeitbetrieb arbeitet, also in der Datenverarbeitung mit dem Datenanfall Schritt hält. Der Echtzeitbetrieb ist eine Betriebsweise, bei welcher der Programmablauf mit dem Prozeßablauf oder der relativen oder absoluten Zeit synchronisiert werden muß [3]. Das Ansprechen des on-line gekoppelten Rechners muß in der Größenordnung 0,1 bis 1 ms erfolgen. Diese Zeitdifferenz ist aber stark von der betreffenden Aufgabe abhängig. Reaktionen auf Alarmmeldungen, die Abarbeitung von Aufgaben, die zu bestimmten Zeiten oder nach Erreichen vorgegebener Zustände aktiviert werden müssen, die Bedienung und manuelle Eingriffe, der Ausdruck von Meßprotokollen u. a. haben unterschiedliche Dringlichkeit (Vorrang, Priorität). Das Zuordnen der einzelnen Aufgaben zu den Prioritäten und das Schreiben der einzelnen Programme bildet einen sehr wichtigen Teil der Einsatzvorbereitung von Prozeßrechnern und auch von on-line Rechnern, die in Labormeßsystemen eingesetzt sind.

Bei Meßsystemen mit on-line Rechnern im Echtzeitbetrieb lassen sich zwei Grundkonfigurationen erkennen. In der *offenen Schleife* (open-loop, einseitig prozeßgekoppelter Rechnerbetrieb, Abb. 2b) arbeitet der Rechner die anfallenden Daten und Informationen über den Zustand des Meßsystems ab und liefert dem Bediener die aufbereiteten Meßergebnisse und Hinweise über eventuell erforderliche Eingriffe in die Meßapparatur. Der Bediener stellt die Führungsgrößen für konventionelle Regeleinrichtungen nach, verändert die Meßbedingungen, schließt ein neues Meßobjekt an u. ä. m. Das Gesamtsystem bildet im wesentlichen eine Meßwerterfassungs- und -verarbeitungsanlage. Die Endauswertung der Meßresultate kann in einer leistungsfähigen Rechenanlage erfolgen, die über Datenträger off-line wie in Abb. 2a oder über Kabel on-line angeschlossen ist, aber nicht im Echtzeitbetrieb arbeiten muß.

In der *geschlossenen Schleife* (closed loop, Abb. 2c) wirken die Ausgabedaten des Rechners auf den Prozeß ein. Die Konfiguration erlaubt eine vollautomatische Betriebsweise. Der Rechner kann bei Kenntnis des Einflusses der Stellglieder des Meßsystems aus den Ausgangsdaten und Kontrollsignalen der Meßapparatur im Sinne einer Rückwärtsregelung die erforderlichen Führungsgrößen zur Kompensation von Störungen berechnen und kann auch die Meßbedingungen jeweils so modifizieren, wie sie zum Ablauf einer Meßreihe erforderlich sind. Aus dem industriellen Einsatz von Prozeßrechnern ist noch die Vorwärtsregelung bekannt, bei der auf der Grundlage eines möglichst genauen mathematischen Prozeßmodells die notwendigen Korrekturen vom Rechner aus den Eingangs- und Störgrößen des Systems ermittelt werden.

In Labor- und Prüffeldmeßsystemen werden on-line Rechner in der offenen Schleife und bei anspruchsvollen Apparaturen zumindest teilweise in einer geschlossenen Schleife eingesetzt. In solchen Fällen verbleiben dem Bediener noch Eingriffe z. B. beim Einstellen der Meßapparatur auf ein bestimmtes Meßregime oder bei der Reaktion auf vom Rechner nicht behebbare Störungen; die Eingriffe werden größtenteils vom Rechner ausgeführt.

Realisierung rechnergekoppelter Meßsysteme. Der Aufwand für die Realisierung von Meßsystemen mit Rechnern nach Abb. 2 nimmt vom off-line Betrieb zum on-line Betrieb bei geschlossener Schleife um mindestens eine Größenordnung zu und hängt wesentlich von der Aufgabenstellung und vom Spektrum der käuflichen Geräte und Apparaturen ab. Allgemeingültige Rezepte lassen sich nicht angeben. Die wirtschaftlichste Variante wird von vielen Einflußfaktoren bestimmt, die in der Phase der Einsatzvorbereitung gründlich zu analysieren sind, um Fehlinvestitionen und nur mit viel Zusatzaufwand zu beseitigende Fehlentscheidungen weitgehend auszuschließen. Ausgehend von den bewährten Prinzipien der Einsatzvorbereitung von Prozeßrechnern für industrielle Anwendungen müssen folgende Gesichtspunkte untersucht werden, wobei die Abstimmung zwischen Gerätetechnik (Hardware) und Programmierung (Software) von entscheidender Bedeutung ist, siehe z. B. [1, 2, 3, 4, 5]:

— Aufbereitung des Meßproblems mit Einschätzungen über
  - anfallende Datenmenge,

- erforderlichen Rechenumfang off-line und im Echtzeitbetrieb, Häufigkeit von Programmunterbrechungen und Anforderungen an deren Abarbeitungsgeschwindigkeit,
- Verarbeitung von Kontroll- und Steuerinformationen,
- erforderliche Zuverlässigkeit (ausfallfreie Betriebsdauer),
- Flexibilität und notwendige Anpassungsfähigkeit an modifizierte Aufgaben;

— Studium der Eigenschaften verfügbarer Kleinrechner, ihrer Peripherie sowie der vom Rechnerhersteller angebotenen Programme, vor allem von Betriebssystemen für den Echtzeitbetrieb und von Übersetzern für problemorientierte Sprachen;

— Studium der Parameter käuflicher Prozeßperipherie (Abb. 3) und der Anschlußmöglichkeiten von Meßgeräten an Standard-Interfaces von Rechnerein- und -ausgabekanälen;

— Variantenvergleich mit Berücksichtigung weiterer Einflußfaktoren, beispielsweise:

- rein schaltungstechnische Lösung, Rechneranschluß off-line oder on-line: stark abhängig von Systemgröße, Aufgaben und Flexibilität. So kann eine Hardware-Lösung ohne Rechner vorteilhaft sein, wenn es auf eine hohe Verarbeitungsgeschwindigkeit bei feststehendem Algorithmus ankommt, z. B. schnelle Fourier-Transformation. In kleineren Meßsystemen, die den Aufwand eines Kleinrechners nicht rechtfertigen, wird die fest programmierte Steuereinheit zunehmend durch Mikrorechner ersetzt,
- Wahl eines geeigneten Standard-Interfaces zur Kopplung von Apparatur und Rechner mit Abschätzung erforderlicher Eigenleistungen für die Anpassung von Meßgeräten, die vom Hersteller noch nicht mit diesem Standard-Anschluß ausgerüstet sind. Den geringsten Zusatzaufwand bereiten Geräte mit digitaler Datenausgabe, mit Informations-

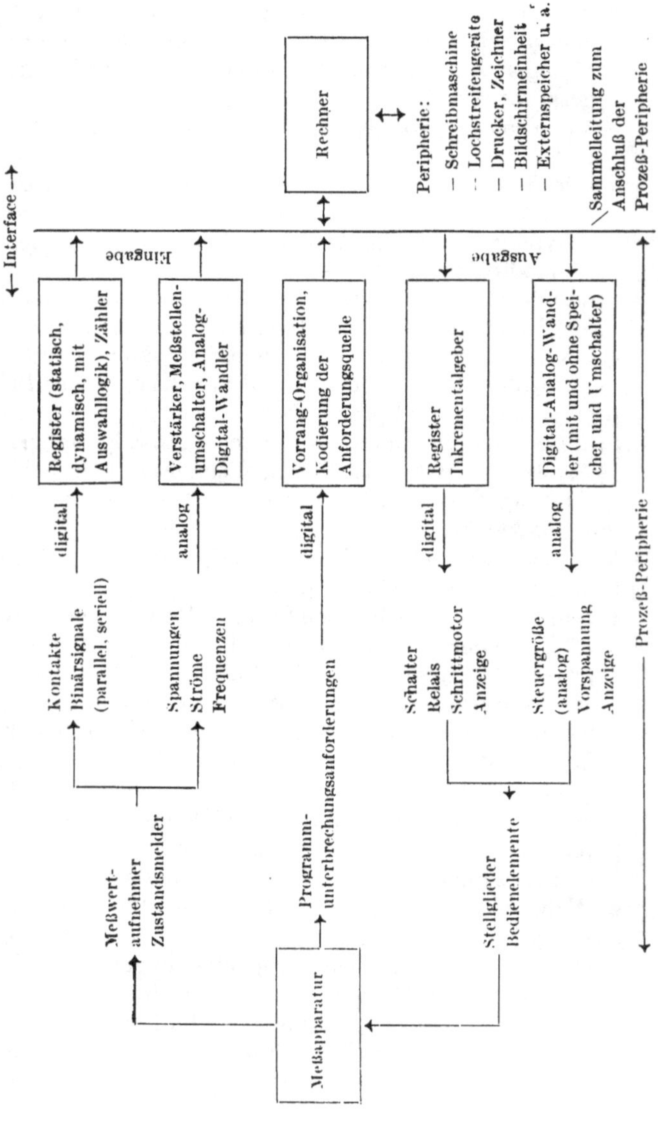

Abb. 3. Schema der Prozeßperipherie

leitungen über den Gerätestatus und mit digital ansteuerbaren Befehlseingängen. Die Orientierung auf den Standard eines bestimmten Geräteherstellers kann in der Vorbereitungsphase Vorteile bringen, bei späterem Nachrüsten und Modifizieren des Systems aber auch zu erheblichen Schwierigkeiten führen. Deshalb sollte unbedingt die Anwendbarkeit eines international verbreiteten Interface-Standards geprüft werden,

- Anwendbarkeit der vom Rechnerhersteller lieferbaren Echtzeitbetriebsprogramme für das gewählte Standard-Interface und Erweiterungsfähigkeit der Betriebsprogramme; Umfang und Struktur der vom Anwender zu schreibenden Operationsprogramme; Dialogmöglichkeiten zwischen Bediener und Rechner über Schreibmaschine und/oder Bildschirmgerät.

Weiterhin sind eventuell erforderliche Baumaßnahmen zu planen; sie können einen erheblichen Umfang annehmen, wenn ein zentral aufgestellter Prozeßrechner gleichzeitig mit Labormeßsystemen in verschiedenen Räumen verbunden werden soll. Für die Aufstellung von Kleinrechnern reichen normale Laborbedingungen völlig aus. Die Fragen der Servicemöglichkeiten, vor allem bei Geräten aus Eigenentwicklungen, und der Qualifizierungsmaßnahmen für das Bedienungspersonal müssen bei der Konzipierung eines rechnergekoppelten Meßsystems ebenfalls eine Rolle spielen.

Typisch für die Einsatzvorbereitung von Kleinrechnern in Labor- und Prüffeldsystemen gegenüber den Prozeßrechnern für industrielle Zwecke ist, daß das betreffende Kollektiv sehr klein ist; oftmals umfaßt es nur zeitweise abgestellte oder keine hauptamtlichen Mitarbeiter. Beim Kauf eines mit einem Instrumentenrechner komplett ausgerüsteten Meßsystems beschränkt sich die Einsatzvorbereitung auf die Analyse des Meßprozesses, auf die Auswahl des Gerätetyps und auf das Anlernen der Bediener. Eine gute Kenntnis der Funktion des Systems und der Programmierung zahlt sich immer aus, wenn Meßgenauigkeit und Zuverlässigkeit der Resultate eingeschätzt werden sollen und wenn nachträglich die Arbeitsweise zu modifizieren ist. Beim Aufbau eines Systems aus Komponenten verschiedener Hersteller sind oft erhebliche Schaltungs- und Programmierungsarbeiten unumgänglich, die sich durch die Verwendung von modularen Gerätesystemen und von modular aufgebauten Programmen reduzieren lassen (auch über die Kooperation zwischen verschiedenen Institutionen), deren Umfang jedoch, wie die Praxis zeigt, meist *unterschätzt* wird! Hierbei ist die Größe des Einsatzkollektivs oft zu gering, so daß die resultierende lange Dauer bis zur routinemäßigen Inbetriebnahme des Meßsystems die Aktualität der Ergebnisse und die gute Auslastung der beträchtlichen Grundfonds vermindert. Der Aufwand für Aufbau und Inbetriebnahme eines rechnergekoppelten Labormeßsystems kann mehr als 10 Mannjahre betragen; für die Einsatzvorbereitung von Prozeßrechnern in industriellen Prozessen werden Werte von 50 Mannjahren und mehr genannt [20, 21]. Die Vielschichtigkeit der Probleme der Laborautomatisierung läßt eine aussagekräftige allgemeine Darstellung der einzelnen Aktivitäten in Form eines Ablaufdiagramms für die Einsatzvorbereitung nicht zu. Um der erwähnten Unterschätzung dieser Aufgaben zu begegnen, werden im folgenden einige wichtige Details der Prozeßperipherie und des Meßprozesses unter dem Blickwinkel der Anwendung eines Digitalrechners dargestellt. Der 2. Band behandelt Kleinrechner und ihre Programmierung sowie Standard-Interfaces zur Kopplung von Meßapparatur und Rechner und erläutert einige Beispiele von rechnergeführten Meßanordnungen.

2. Grundbegriffe

Die Meßwertgeber und -aufnehmer einer Meßapparatur liefern Signale, die sich im Werteumfang des Informationsparameters und in dessen Zeitverlauf verschiedenen

Gruppen zuordnen lassen. Für den *Wert des Informationsparameters*, z. B. Länge, Drehzahl, Spannungshöhe, Impulsbreite oder Schalterstellung, gilt nach [30]:

- analoge Signale: innerhalb bestimmter Grenzen ist jeder beliebige Wert möglich;
- diskrete Signale: es können nur endlich viele Werte auftreten:
  - digitale Signale: die Werte entsprechen den Worten eines vereinbarten Alphabets, z. B. Winkelkodierer, Tastaturen;
  - binäre Signale: nur zwei Zustände 0 und 1 bzw. 0 und L oder Potential T (tief) und H (hoch) bei elektronischen Logikschaltungen;
  - Mehrpunktsignale: sie gehören nicht zu einem Alphabet, z. B. Grenzwertmelder (untere und obere Grenze, zulässiger Bereich).

Hinsichtlich des *Zeitverlaufs des Informationsparameters* unterscheidet man:

- kontinuierliche Signale: der Wert des Informationsparameters kann sich zu jedem Zeitpunkt auf einen neuen Wert einstellen;
- diskontinuierliche Signale: der Informationsparameter ändert sich nur zu bestimmten Zeiten, die durch Takt-, Synchron- oder Abtastimpulse vorgegeben sind.

Die Unterteilung in zeitlich *stetige* und *unstetige* Signale ist zweckmäßig, wenn Überlegungen und Rechnungen mit idealisiertem Signalverlauf erfolgen. Eine elektrische Rechteckspannung ist schon wegen der unvermeidlichen Induktivitäten und Kapazitäten der Schaltung im mathematischen Sinn immer eine stetige Funktion; sind aber die Übergangszeiten zwischen den beiden Zuständen der Rechteckspannung kurz gegenüber der charakteristischen Zeitkonstante der Meßapparatur, läßt sich das Verhalten des Meßsystems mit unstetigen Signalen beschreiben und analysieren.

Analoge und diskrete sowie kontinuierliche und diskontinuierliche Signale kommen in jeder der möglichen Kombinationen vor (Tabelle 2), jedoch ist die Zuordnung zu kontinuierlichen und diskontinuierlichen Signalen

Tabelle 2

Signalarten

Typen		kontinuierlich	diskontinuierlich
analog		Temperaturfühler, Szintillationszähler, Dehnungsmeßstreifen	Auswertung zu ausgesuchten Zeitpunkten (Impulsmaximum, Nulldurchgang), Abfrage und Abtastung von Analogspannungen
diskret	digital	Winkelkodierer, Schalterfelder, Lagerbestand	Fernschreiber, Übertragungssystem, Schalterfelder
	binär	Potentiale H und T in Logikschaltungen	getaktete Logikschaltungen
	Mehrpunkt	logischer Vergleich bei Grenzwerten	Taktung zur Abfrage

nicht in jedem Fall ohne Willkür. So wird eine kontinuierliche Spannung eines Temperaturfühlers für die auswertende Meßapparatur zu einem diskontinuierlichen Signal, wenn die Meßstelle zu bestimmten Zeitpunkten über einen Meßstellenumschalter abgefragt und ihr momentaner Spannungswert mit einer Halteschaltung gespeichert wird. Oftmals interessiert die Höhe eines Impulses mit abgerundetem Dach; der Zeitpunkt dieses Maximums ist bei einander ähnlichen Impulsen, z. B. am Ausgang eines kernphysikalischen Strahlungsdetektors, auf den Impulsanfang bezogen festgelegt, der Zeitpunkt des Impulsanfangs ist dagegen unbestimmt.

Unter *Steuerung* versteht man einen Vorgang in einem abgegrenzten System, bei dem Eingangsgrößen die Steuerstrecke steuern, entweder selbsttätig (automatisch) oder nicht selbsttätig, wenn mindestens ein Teil des Wirkungsweges vom Menschen eingenommen wird

(Abb. 4a). Im *Regelkreis* wird eine technische oder physikalische Größe als Regelgröße fortlaufend erfaßt, mit der Führungsgröße verglichen und über die Regeleinrichtung so beeinflußt, daß sich unter weitgehender Ausschaltung

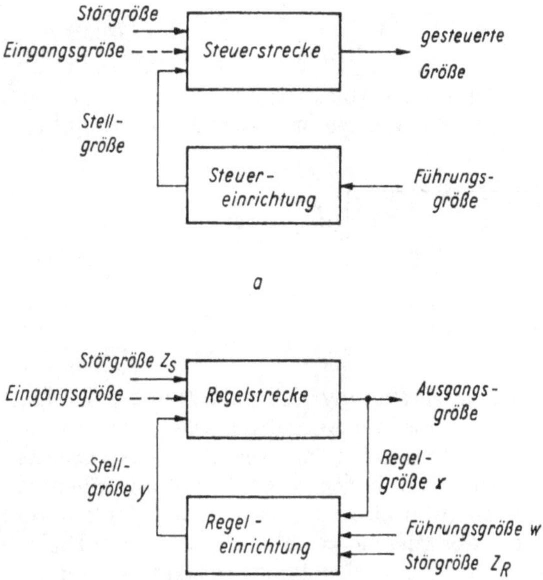

Abb. 4. Steuerung (a) und Regelkreis (b), nach [30]

von Störungen ein Angleich der Signale von Regel- und Führungsgröße ergibt (Abb. 4b). Fortlaufend bedeutet hier kontinuierliche Regelung, Abtastregelung mit zyklischer und azyklischer Abfrage oder Mehrpunktregelung. Der Regelkreis stellt eine Handregelung dar, wenn der Mensch z. B. zum Betätigen der Stellglieder einbezogen ist (vgl. Abb. 2b). Bei der selbsttätigen Regelung ist ein automatischer Ablauf möglich, wobei die Regeleinrichtung in konventionellen Anlagen überwiegend analog arbeitet, vor allem in der Laborautomatisierung aber auch Digitalrechner zur Bestimmung der Führungsgrößen enthält, s. Abb. 2c.

Verallgemeinert man die Anordnungen aus Abb. 2 und 4, dann erhält man ein System (Abb. 5), das die Eingangsgrößen x_ν in eindeutiger Weise in die Ausgangsgrößen y_ν überführt. In Anlehnung an [7] kann man

$$\vec{y} = \mathrm{Op}\,\{\vec{x}\} \qquad (1)$$

schreiben mit Op { } als Abkürzung für „Operation von". Die Eingangsgrößen werden mit der Apparatefunktion

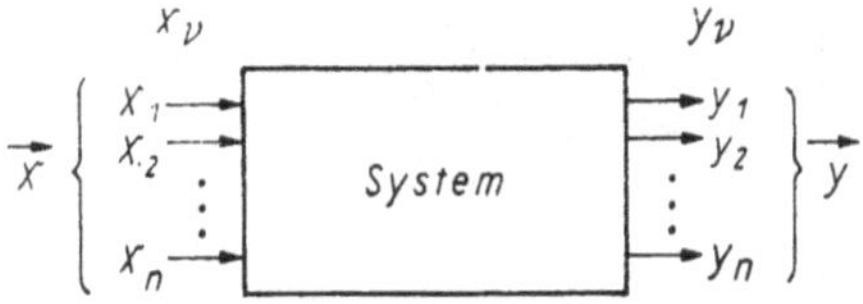

Abb. 5. Allgemeines System

„gefaltet". Die Übertragungseigenschaften des Systems muß man kennen, um die Ausgangsgrößen aus den Eingangsgrößen und umgekehrt zu berechnen. Das Verhalten des Systems wird durch geeignete Kennfunktionen beschrieben, deren Auswahl von der Zweckmäßigkeit und der Meßbarkeit der Parameter abhängt. Bei einem Digitalrechner als System gibt das Rechenprogramm den Zusammenhang zwischen Eingangs- und Ausgangsgrößen wieder.

Bei einem Meßsystem in der Verallgemeinerung der Abb. 5 lassen sich zwei Phasen unterscheiden, auch wenn die apparative Trennung oftmals kaum fixierbar ist:

- Faltung der Eingangsgrößen x_ν mit der Apparatefunktion zu x^*;
- Entfaltung der Größen x^* im Auswertungsprozeß mit der möglichen Ableitung von Steuer- und Regelgrößen für das Meßsystem.

Bei *analogen Systemen* wird eine Reihe von Kennfunktionen verwendet, s. Tabelle 3 (nach [7]). Durch spezielle

Tabelle 3

Kennfunktionen linearer analoger Systeme

Gruppe	Eingangstestsignal	Ausgangsfunktion als Kennfunktion	abgeleitete Kennwerte für Näherungen
Differentialgleichung	beliebiges $x(t)$	$y(t)$	Zeitkonstanten T_r
Frequenzbereich	(periodisch) harmonische Schwingung $x = \hat{X} \cdot e^{j\omega t}$ nichtharmonische Schwingungen	Frequenzgang, Ortskurve $G(j\omega)$, verallgemeinert: Übertragungsfunktion $G(p)$	Grenzfrequenzen f_{gr}
Zeitbereich	(aperiodisch) Einheitsstoßfunktion $\delta(t)$ Einheitssprungfunktion $w(t)$ Rampenfunktion Rechteckfunktion	Einheitsstoßantwort = Gewichtsfunktion $g(t)$ Einheitssprungantwort = Übergangsfunktion $h(t)$	Einschwingzeit t_E
stochastische Kennfunktion	„weißes" Rauschen $S(\omega) = \text{const}$	Kreuzkorrelationsfunktion $\varphi_{xy}(\tau)$	Einschwingzeit t_E Korrelationszeit t_K

Testsignale $x(t)$ sind die Kennfunktionen eines Systems der experimentellen Analyse besser zugänglich als bei einer Beschreibung durch Differentialgleichungen. Die Messung des Amplitudengangs $|G(j\omega)|$ und des Phasengangs $\varphi(\omega)$ erfolgt durch sukzessive Veränderung der Frequenz der sinusförmigen Eingangsgröße, wobei jedoch zu beachten ist, daß erst die Einschwingzeit t_E nach Einstellung eines neuen Frequenzwerts abgewartet werden muß. Im Zeitbereich haben die Einheitsstoßfunktion und die Einheitssprungfunktion als Testsignale die größte Bedeutung. Stochastische Eingangssignale werden verwendet, wenn beispielsweise ein Anlegen bestimmter Testsignale zu beträchtlichen Eingriffen in den Ablauf eines Systems führen würde und daher praktisch nicht durchführbar ist.

Die in Tabelle 3 aufgeführten Funktionen sind auf kontinuierliche Ausgangszeitfunktionen zugeschnitten und daher für die Auswertung mit dem Analogrechner geeignet, ausreichende Grenzfrequenz der Rechenschaltungen vorausgesetzt. Mit der zunehmenden Verfügbarkeit von Digitalrechnern und wegen ihrer Vorteile (Flexibilität der Programmierung, Speicherung von Programmen und Meßwerten, Möglichkeiten der Ein- und Ausgabe-Peripherie) setzen sich immer mehr Verfahren und Methoden durch, bei denen zeitlich kontinuierliche Signale mit einer periodischen Impulsfolge abgetastet werden. Die amplitudenmodulierte Impulsfolge wird digitalisiert und kann dann vom Digitalrechner verarbeitet werden. Dessen Ausgangssignale werden entweder in digitaler Form weiter verwendet, z. B. auf einem Zifferndrucker, oder über Digital-Analog-Wandler wieder in eine Analoggröße umgewandelt. Wird entsprechend dem *Abtasttheorem* die Bedingung

$$T_A \leqq \frac{1}{2f_{gr}} \tag{2}$$

mit f_{gr} als obere Grenzfrequenz des Signals und T_A als Abtastperiode eingehalten, geht bei der periodischen Abtastung keine Information verloren. Die mathematische

Behandlung derartiger Abtastsignale bedient sich der diskreten FOURIER-Transformation, der diskreten LAPLACE-Transformation und der z-Transformation. Die praktische Bedeutung der Abtastsysteme liegt auch darin, daß von einem Meßsystem mehrere zeitlich kontinuierliche Größen parallel verarbeitet werden können — die Abtastsignale der einzelnen Größen werden zeitlich ineinander verschachtelt. In der einfachsten Form findet man eine solche Anordnung bei einem Meßdatenerfassungssystem, wenn von mehreren Meßstellen über einen Meßstellenumschalter zyklisch „Proben" entnommen werden, die von der Zentrale auf Grenzwertverletzung o. ä. ausgewertet werden.

3. Meßwertaufnehmer und Meßwertübertragung

Meßsysteme arbeiten vorwiegend auf elektronischer Grundlage und benötigen die Meßwerte in elektrischer Form. Die Meßwertaufnehmer (Meßgeber, Meßfühler) für nichtelektrische Größen müssen daher entweder selbst oder in Kopplung mit einem geeigneten Wandler elektrische Signale abgeben, die eindeutig mit der nichtelektrischen Größe verknüpft sind.

Meßwertaufnehmer arbeiten

- aktiv, wenn die thermische, mechanische oder andere Energie in elektrische Energie umgeformt wird, wobei Spannung, Strom oder Ladung entsteht, oder
- passiv, wenn eine elektrische Größe wie Spannung, Strom, Widerstand, Kapazität u. ä. beeinflußt wird ohne Erzeugung elektrischer Energie, so daß eine Hilfsstromquelle erforderlich ist.

Die elektrische Messung und Verarbeitung nichtelektrischer Größen ist dank ihrer wesentlichen Vorteile gegenüber anderen Methoden am verbreitetsten:

- gute Anpassungsmöglichkeit der Meß- und Auswerte-

apparatur an die Informationsparameter des elektrischen Signals des Meßwertgebers;
- relativ leichte Realisierung von Verstärkung und Wandlung sowie von analogen und digitalen Rechenoperationen;
- Meßwertübertragung über größere Entfernungen möglich;
- geringe Rückwirkung des Meßsystems auf das Meßobjekt.

Allerdings kann der Aufwand recht beträchtlich sein, z. B. Analog-Digital-Wandler für die Digitalisierung analoger Größen und Rechner für die on-line Auswertung. In Sonderfällen, beispielsweise in explosionsgefährdeten Anlagen der Prozeßsteuer- und regelungstechnik, werden auch pneumatisch und hydraulisch arbeitende Elemente eingesetzt.

Ausführliche Darstellungen über die verschiedensten Arten von Meßwertaufnehmern für nichtelektrische Größen findet man in [3, 8, 9]. Tabelle 4 enthält eine Übersicht, die nach dem Geberausgang gegliedert ist. Die unter Spannung und Strom am Tabellenanfang genannten Geber und die piezoelektrischen Geber sind die wichtigsten aktiven Typen. Die weitere Zuordnung ist nicht eindeutig: so wird beim Photoeffekt durch ein eintreffendes Lichtquant Ladung freigesetzt, die von einem äußeren Feld abgesaugt wird; bei kontinuierlicher Beleuchtung und mit anliegender Hilfsspannung fließt ein entsprechender Strom — der Geber stellt einen beleuchtungsabhängigen Widerstand dar. Induktiv und kapazitiv beeinflußte Spannungen und Ströme verwenden meist eine Trägerfrequenz, die bei der Auswertung durch Gleichrichtung des Geberausgangs abgetrennt wird. Am einfachsten ist die digitale Verarbeitung realisierbar, wenn der Geber bereits eine binär verschlüsselte Digitalgröße liefert.

Die Auswahl der geeignetsten Meßwertaufnehmer hängt letztlich von der Meßaufgabe ab. Für die analoge und

Tabelle 4

Meßwertgeber

Geberausgang	Gebertype Auslöseeffekt	Eigenschaften, Ausführung	Anwendung
Spannung, Strom[1])	Thermoelement	je nach Type $-200\cdots+1300$ °C, $10\cdots50$ mV	Berührungsthermometer Gesamtstrahlungspyrometer
	Fotoelement	Se-CdS mit max. 500 mV Leerlaufspannung	Belichtungsmesser
	elektro-chemisch	Glaselektroden	pH-Wert-Messung
		Ionensensoren	ionenselektive Analysen
	induktiv	durch Generator Gleich- oder Wechselspannung erzeugt	Drehzahlmesser (Tachometer), Durchflußmesser
Ladung	Piezoelektrizität	Quarz (max. 0,225 V/kp) und Ba-Titanat, für dynamische Messungen	Druck-, Zug-, Spannungsmessung, Beschleunigungsaufnehmer
	Fotoeffekt[2])	Fotozelle, Fotowiderstand, Fotodiode, Fototransistor	Beleuchtungsstärke
		Sekundärelektronen-Fotovervielfacher	schwächste Lichtströme
	Ladungstrennung[2])	Halbleiterdetektoren: Si, Ge, nach Vorverstärker $\geqq 10$ mV mit Ladungsträgervervielfachung: Proportionalzähler, GEIGER-MÜLLER-Zähler	Registrierung von Partikelstrahlung

[1]) Gleich- oder veränderliche Größen entsprechend der Eingangsgröße und der Geberträgheit

[2]) äußere Spannungsquelle zum Absaugen der Ladungsträger erforderlich

Tabelle 4 (Fortsetzung)

Meßwertgeber

Geberausgang	Gebertype Auslöseeffekt	Eigenschaften, Ausführung	Anwendung
Widerstand[3])	Widerstandsthermometer	Metall: Pt 0···600 °C, $\Delta R/R \approx 3{,}9 \cdot 10^{-3}$/grad Halbleiter: etwa zehnmal größerer TK-Wert	Berührungsthermometer
	Dehnungsmeßdrähte und -streifen	Längenänderungen bei 0,1···10 μm und max. 3 bis 5‰ Gesamtdehnung Metall: Konstantan Halbleiter: Ge, Si, mit größerem Effekt als bei Metall	Messung von Kraft, Druck, Spannung, Torsion, Drehmoment (über Torsion)
	Fotoeffekt	(siehe unter Ladung)	
	Wärmeleitfähigkeit	Änderung des Widerstandswertes über die Wärmeableitung	Gaschromatographie
	Widerstandsabgriff	Schleifdraht, Drehpotentiometer	Positionsanzeige, Füllstand
induktiv beeinflußte Spannungen und Ströme	Tauchanker	Wegaufnehmer	Längen- und Schwingungsmessung
		Mikrophon	Akustik
	Magnetostriktion	Permeabilitätsänderungen	Kraft-, Druckmessung

[3]) Messung über Stromänderung im äußeren Stromkreis oder über WHEATSTONE-Brücke

kapazitiv beeinflußte Spannungen und Ströme	Kapazitätsänderungen	Plattenabstandsänderungen	Längen- und Schwingungsmeßtechnik
		Dielektrikum	Schichtdicken-, Füllstandsmessung
		Kondensatormikrophon	Akustik
analoge Spannungs- und Stromsignale bei impulsförmiger Meßgröße	Fotoeffekt	(siehe unter Ladung)	
		Szintillationszähler	Strahlungsnachweis
	Ladungstrennung	(siehe unter Ladung)	
	Zeitmarken	Zeitdifferenzmessung zwischen aufeinanderfolgenden Marken	Geschwindigkeitsmessung, Entfernungsbestimmung (Radar), Drehzahl-, Frequenzmessung
		Impulsauslösung durch Partikel, Produkte, Leistungseinheiten, Durchflußmengen usw.	Registrierung verschiedenster Art
diskrete Spannungs- und Stromsignale	Abtastung von Kontakten	Schalterfelder, Tastaturen	digitale Informationseingabe
	Abtastung von Mustern	Kodierung der Geberstellung oder des Musters	Winkel- und Längenkodierer, Muster- und Strukturabtastung ohne und mit gestuften Grauwerten
	Zustandsmeldungen	statisch und dynamisch: Endlagen, Fehler, Grenzwertüberschreitung u. ä. m.	Alarmmeldungen zum Bediener und/oder Rechner

digitale Weiterverarbeitung der Meßsignale sind Wandler, Verstärker, Meßstellenumschalter, Impulszähler, Register, Analog-Digital-Wandler u. ä. erforderlich, die in Abb. 3 als Prozeßperipherie dargestellt sind.

In der Meß-, Steuer- und Regelungstechnik bestehen

Tabelle 5

Elektrisch-analoge und elektrisch-digitale Einheitssignale nach TGL 22500/02 [31]

Analog-Strom- und -Spannungssignale

		Bürde	Vorzugsw. Anwendung
Einheitsstromsignal als eingeprägter Gleichstrom	0···5 mA	0···1,6 kΩ	Informationsübertragung über größere Entfernungen
	0···20 mA 4···20 mA	0···500 Ω	Informationsübertragung in Zweileitertechnik
Einheitsspannungssignal als eingeprägte Gleichspannung	0···10 V −10···+10 V	≧ 2,4 kΩ	Informationsübertragung innerhalb von Funktionseinheiten und Geräten

Digital-Gleichspannungssignale

	Nennbereich, Nennwert 0-Wert	1-Wert	Anwendungsbedingungen
Eingang **Ausgang**	0···+1,5 V 0···+0,5 V	+6,5···+12 V +7,5···+12 V	für npn-Transistoren
Eingang **Ausgang**	0···+0,8 V 0···+0,4 V	+2 V···+5 V +2,4···+5 V	für integrierte TTL-Schaltkreise (TGL 26152)
Eingang **Ausgang**	0···−2 V 0···−1 V	−9···−25 V −10···−27 V	für integrierte MOS-Schaltkreise
Ein- und Ausgang	0	24 V 60 V	bevorzugt für kontaktgebende funktionelle Einheiten

Festlegungen über die *Größe der elektrischen Analog- und Digitalsignale*, die im Meßsystem zur Informationsübertragung und zur Steuerung verwendet werden. Tabelle 5 gibt die Werte der Einheitsstrom- und Einheitsspannungssignale für Analoggrößen und die Spannungswerte der beiden Zustände digitaler Gleichspannungssignale an.

Die Übertragung eines eingeprägten Gleichstromsignals, abgegeben von einer hochohmigen Signalquelle, ist unabhängig vom Widerstand des Stromkreises und daher für die Übertragung von Analogwerten über größere Entfernungen günstig. Am Empfänger kann mit

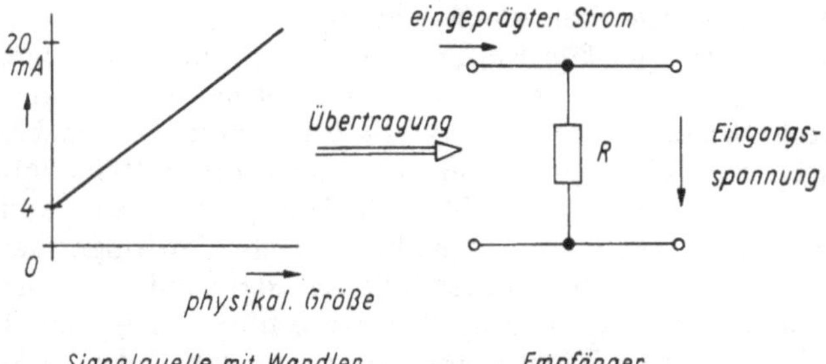

Abb. 6. Zur Übertragung mit eingeprägtem Stromsignal

einem Widerstand in einfacher Weise ein Gleichspannungssignal wiedergewonnen werden, das z. B. von einem Analog-Digital-Wandler aufgenommen wird (Abb. 6). Bei der Informationsübertragung mit Analog-Gleichspannungssignalen ist es u. a. vorteilhaft, daß zur Unterdrückung von Störsignalen in den Stromkreisen Filter eingesetzt werden können; andererseits muß man aber auf der Übertragungsleitung Signalverluste durch Spannungsteilung zwischen Leitungs- und Empfängereingangswiderstand in Kauf nehmen. Dies beschränkt die Anwendung auf kurze Übertragungsstrecken innerhalb von Funktionseinheiten und Gestelleinschüben. In [9] wird aus den Vor- und Nachteilen eingeprägter Gleichspannungs- und Gleichstromsignale abgeleitet, daß sich die Stromsignale vorwiegend zur Informationsübertragung und die Spannungssignale für die Informationsverarbeitung eignen. Aus diesem Grund liefern im System ursamat Einrichtungen zur Informationsgewinnung (Meßumformer, elektrisch-analoge Meßeinrichtungen) elektrisch-analoge Stromsignale.

Für die Übertragung von Einheitssignalen sind Leiterpaare vorzusehen. Die Benutzung einer Ader als gemeinsame Rückleitung für mehrere Signalstromkreise ist nicht zulässig. Auf den Verbindungsleitungen zwischen Meßwertaufnehmer und den mitunter weit entfernt installierten Auswertegeräten können Störspannungen entstehen, die besonders großen Einfluß auf Analogsignale besitzen.

Die *Gegentaktstörspannung* U_{NM} (normal mode) wird durch kapazitive und induktive Einstreuungen aus benachbarten Leitungen verursacht und wirkt in Reihe mit dem Nutzsignal U_N (Abb. 7a). Durch elektrisch und magnetisch abgeschirmte Kabel, durch Verdrillen der Leitungen und durch Filter läßt sich der Einfluß dieser Störspannung verringern. Ein wirksames Mittel stellt auch die aktive Integration dar, wenn das Zeitintegral der als Gleichspannung anliegenden Meßgröße über die volle Periodenlänge der Störfrequenz, z. B. 50 Hz-Netzeinstreuung, gebildet wird (integrierende Digital-Voltmeter und Analog-Digital-Umsetzer).

Die *Gleichtaktstörspannung* U_{CM} (common mode) ist hauptsächlich auf Potentialdifferenzen zwischen der Erdung am Meßort und am Geräteort zurückzuführen, aber auch auf induktive und kapazitive Einstreuungen (Abb. 7b). Bei elektrisch ideal symmetrischem Meßstromkreis und hoher Gleichtaktunterdrückung des Analogeingangs des Empfängers stören diese Gleichtaktspannungen nur wenig, sofern ihr Maximalwert im zulässigen Gleichtakt-Aussteuerbereich des Empfängers verbleibt. Bei Abweichungen von der Symmetrie ($R_1 \neq R_2$) wirken sich Gleichtaktstörspannungen als unerwünschte Gegentaktsignale aus. Durch isolierten Auf-

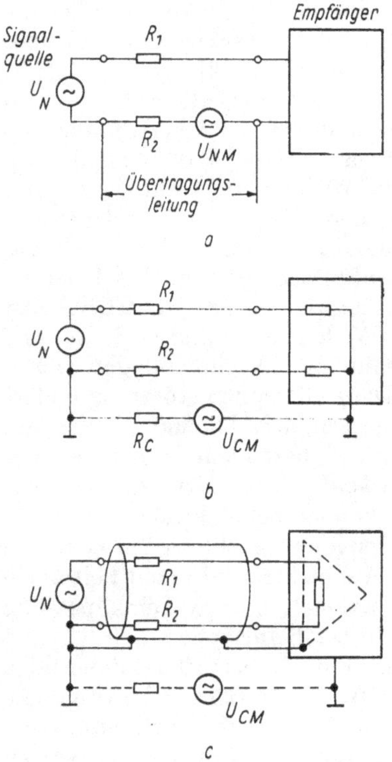

Abb. 7. Störspannungen bei Meßwertübertragungen;

a: Gegentaktstörung

b: Gleichtaktstörung durch Erdschleife

c: Schutzschirmtechnik (Guard-Anschluß) und einseitige Erdung der Kabelabschirmung an der Signalquelle

bau der Meßstelle und Verbindung der Meßkabelabschirmung mit der Erde am Ort des Empfängers (Systemerde) und durch Schutzschirmtechnik (Abb. 7c) kann man die Auswirkungen von Gleichtaktstörspannungen herabsetzen. Würde man in Abb. 7c die Kabelabschirmung einseitig am Empfänger erden, ergibt sich eine Erdschleife über die geerdete Signalquelle, über die Kapazität zwischen Leitung und Abschirmung und über die Erde am Empfänger, siehe auch [33].

Bei der Übertragung kurzer Analog-Gleichstrom- und -Gleichspannungsimpulse und bei der Übertragung von Digitalinformationen treten Impuls- und Schaltflanken von größenordnungsmäßig 10^{-9} bis 10^{-6} s auf. Sollen Reflexionen der Signale an den Enden der Übertragungsleitung vermieden werden, muß bekanntlich eine *Anpassung mit dem Wellenwiderstand* erfolgen. Bei Koaxialkabeln beträgt der Wellenwiderstand handelsüblicher Typen 50 bis 100 Ω; der Wellenwiderstand einer Leitung aus verdrilltem Schaltdraht mit 30 Verdrillungen je Meter liegt bei 130 Ω [10]. Die Reflexionen stören besonders bei elektrisch langen Leitungen, d. h. bei Signallaufzeiten, die nicht mehr vernachlässigbar klein gegenüber der Dauer der Schaltflanken sind; sie verfälschen die übertragene Information und können bei Mehrfachreflexionen am Sender und Empfänger im angeschlossenen Gerät zu Fehlauslösungen führen. Auf elektrisch kurzen Leitungen ist der Einfluß der Reflexionen infolge Fehlanpassung meist nur von untergeordneter Bedeutung.

Bei TTL-Schaltkreisen mit 5 bis 10 ns dauernden Schaltflanken sind bereits 1 bis 2 m Übertragungsleitung elektrisch lang, bei ECL-Schaltkreisen und elektrischen Analogimpulsen mit Flanken im ns-Bereich (z. B. Impulse von Kernstrahlungsdetektoren mit organischem Szintillator) ist diese Länge noch geringer. Die Rückverdrahtung eines Gestelleinschubs, der mit TTL-Schaltkreisen aufgebaut ist, wird im allgemeinen noch mit nicht angepaßten Verbindungsleitungen realisiert, während die Übertragung „schneller" Signale und der Schaltflanken von ECL-Logikgattern mit ihrem Wellenwiderstand abgeschlossene Leitungen (Kabel) erfordert. Für die Signalpegel auf reflexionsfrei abgeschlossenen Leitungen werden sehr häufig die in Tabelle 6 aufgeführten Werte benutzt; sie haben ihren Ausgangspunkt in der Elektronik für kernphysikalische Untersuchungen.

In Tabelle 6 sind auch noch Amplitudenwerte für Analogsignale angegeben; sie sind vor allem für die Verarbeitung der Impulse aus Kernstrahlungsdetektoren von Bedeutung.

Tabelle 6

Digital- und Analogsignale für reflexionsfrei abgeschlossene Übertragungsleitungen

Digitalsignale (Logiksignale, NIM-Pegel, CAMAC [34][1])

	0-Wert	1-Wert	
Eingang muß aufnehmen	$-4 \cdots +20$ mA	$-12 \cdots -36$ mA	Mit 50 Ω abgeschlossene Leitungen,
Ausgang muß in 50 Ω einspeisen	$-2 \cdots +2$ mA vorzugsweise $-1 \cdots +1$ mA	$-14 \cdots -18$ mA	Spannungswerte entsprechen den Pegeln von ECL-Gattern

Analogsignale

Eingang abgeschlossen: nicht abgeschlossen:	 $0 \cdots +2{,}5$ V $0 \cdots +5$ V	 an 50 Ω an > 5 kΩ
Ausgang	$0 \cdots +5$ V > 5 mA	mit 50 Ω Ausgangswiderstand bis 50 mA bei Einspeisung in 50 Ω

[1]) Für nichtabgeschlossene Signale werden die TTL-Pegel verwendet (s. Tabelle 5)

Bei der Übertragung der Schaltflanken eines TTL-Gatters als Treiberstufe zu einem anderen TTL-Gatter als Empfänger wird die Anpassung durch die unterschiedlichen Widerstandswerte des Gatterein- und -ausgangs bei Hoch-Tief- und Tief-Hoch-Pegelübergängen stark erschwert. In [10] wurden verschiedene Möglichkeiten zur weitgehenden Ausschaltung störender Reflexionen diskutiert. Abb. 8 zeigt geeignete Varianten mit einem Spannungsteiler am empfängerseitigen Ende bzw. mit einer Kombination Diode-Widerstand am senderseitigen Leitungsende; die zweite Variante besitzt bei verdrillten

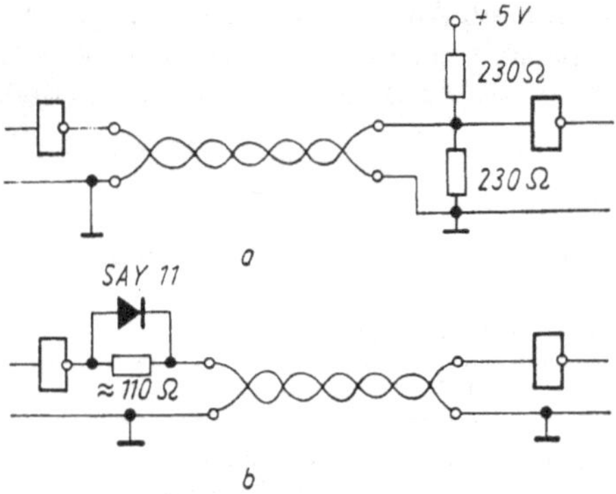

Abb. 8. Unterdrückung von Reflexionen und Überschwingen vor allem des Hoch-Tief-Übergangs der TTL-Gatter D 100 (7400)

Leitungen bis zu 20 m Länge sehr gute Übertragungseigenschaften. Die unmittelbare Verwendung von JK-Flipflop-Stufen als Treiber ist zu vermeiden, weil mögliche Reflexionen vom Empfänger die gespeicherte Information verfälschen können.

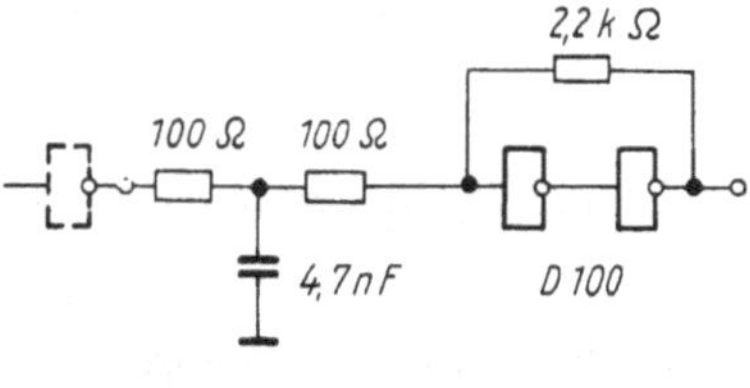

Abb. 9. Unterdrückung kurzer Störsignale in TTL-Schaltungen

Als Filter gegenüber kurzen Störimpulsen ($\lesssim 1$ µs Länge) verwendet man mitunter die Schaltung nach Abb. 9 [35]. Nach dem RC-Integrierglied haben kurze Störimpulse eine sehr geringe Amplitude und lösen den nachfolgenden Schmitt-Trigger nicht aus. Bei Nutzsignalen mit mehr als etwa 1,5 µs Dauer kann jedoch der Schmitt-Trigger ansprechen und die Schaltflanken regenerieren.

Bei Digitaldaten mit den Pegelwerten H und T lassen sich Gleichtaktstörungen durch symmetrische Übertragung auf angepaßten oder nicht angepaßten Leitungen wirkungsvoll bekämpfen. Der Treiber gibt das Signal

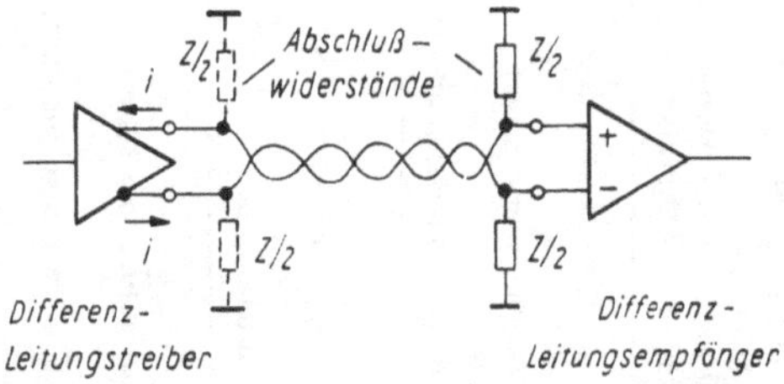

Abb. 10. Symmetrische Übertragung von Digitalsignalen

negiert und nicht-negiert ab; der Empfänger stellt einen Differenzverstärker mit hoher Gleichtaktunterdrückung dar, der auf die Pegelunterschiede an seinen Eingängen anspricht (Abb. 10). Zum einfachen Aufbau derartiger symmetrischer Übertragungsstrecken werden integrierte Leitungstreiber und Leitungsempfänger angeboten.

4. Meßmethoden

Die Datenmenge, die je Zeiteinheit von den Meßwertgebern geliefert wird, und der Aufwand, der zu ihrer Bearbeitung und zur Auswertung mit on-line und off-line Rechnungen erforderlich ist, unterscheiden sich bei den einzelnen Meßsystemen im Laboratorium und im Prüffeld um Größenordnungen. Von einfachen Abfrageoperationen im Abstand von Sekunden mit anschließenden ja/nein-Entscheidungen bis zu Datenmengen von mehr als 10^6 bit/s bei komplizierter on-line Auswertung der Einzelereignisse findet man eine breite Vielfalt von Meßsystemen und Meßmethoden. Einige von ihnen, insbesondere solche, die mit Vorteil Gebrauch von Digitaltechnik und on-line Rechnern zur Meßwerterfassung und

Tabelle 7 Meßaufgaben

Aufgaben	erforderlicher on-line Rechenaufwand im Meß- und Auswerteprozeß
Meßwerterfassungsanlagen	
– für diskrete Größen: Stückgut-, Zählprozesse – für langsam veränderliche Analoggrößen: mechanische Größen, Temperatur, elektrische Größen in Produktionsanlagen, Prüf- und Meßautomaten, medizinische Überwachung	sehr gering bis sehr hoch: – ja/nein – Entscheidungen und einfache Registrierung; – Erfassung mit Datenreduktion und Erzeugung von Anweisungen für den Bediener und von Steuer- und Regelgrößen für das Meßsystem; – Digitalfilterung bei großen Datenmassiven in der Kern- und Elementarteilchenphysik und Organisation der Speicherung
Verbesserung des Signal-Rausch-Verhältnisses	
Mehrfachmessung und Mittelung (Averaging) Korrelationsmessungen	sehr gering bis sehr hoch: – Steuerung der Vielfachmessung und der Addition zusammengehöriger Meßpunkte – Berechnung der Korrelationsfunktion im Echtzeitbetrieb
Erfassung und Verarbeitung schnell veränderlicher Analoggrößen	
Abtastung und Anwendung von Transformationen und Entfaltungsverfahren u. a. in der Spektral- und Sprachanalyse, Nachrichtenübertragung	mittel bis sehr hoch, Auswertung oft nur off-line möglich: – Spektrenentfaltung – schnelle FOURIERtransformation
Verarbeitung bildlicher Darstellungen und Strukturen	
Digitalisierung von Spuraufnahmen in der Elementarteilchenphysik und von Strukturen bei Werkstoffuntersuchungen, in der Biologie und Medizin, Zeichenerkennung	hoch bis sehr hoch, Auswertung und Transformationen oft nur im off-line-Betrieb: – Steuerung der Digitalisierung und Organisation der Datenspeicherung – Datenreduktimiton Abtrennung unerwünschter Information

-verarbeitung machen, werden im folgenden näher erläutert.

Tabelle 7 zeigt eine Übersicht über typische Meßaufgaben, wobei der Schwierigkeitsgrad von oben nach unten zunimmt. Die Angabe des erforderlichen Rechenaufwands bezieht sich auf on-line gekoppelte Digitalrechentechnik. Der Umfang der off-line Rechnungen hängt wesentlich davon ab, ob die on-line bearbeiteten Meßdaten als Aussage ausreichend sind oder ob sie den Ausgangspunkt für theoretische Rechnungen auf der Grundlage von Modellen bilden.

4.1. Meßdatenerfassung

Unter einer Meßdatenerfassungs- und Prozeßüberwachungsanlage versteht man in der Meß-, Steuer- und Regelungstechnik eine Einrichtung zum wiederholten Erfassen der Ausgangssignale mehrerer Meßwertgeber mit dem Ziel, diese Daten zu registrieren (z. B. für Mengenmessungen), auf die Erfüllung logischer Bedingungen zu prüfen (ja/nein-Aussagen, Grenzwertverhalten) und für den Bediener aufzubereiten. Außerdem werden Meldungen (Alarme) bei unvorhergesehenen Ereignissen oder beim Erreichen vorgewählter Zustände ausgewertet, z. B. Meldungen über Fehlfunktionen oder über den Eintritt einzelner Elemente des Systems in den Status „bereit" oder „nicht bereit". Die Anlage gibt Protokolle sowie Informationen und Anweisungen an den Bediener für Eingriffe in die Apparatur aus. Diese Betriebsweise entspricht einem on-line Betrieb mit offener Schleife, wobei als Zentrale eine festprogrammierte Steuerlogik oder ein Rechner (Digital-, Analog- oder Hybridrechner) fungieren kann. Meßwerterfassungsanlagen mit offener Schleife stellen gewöhnlich die erste Phase bei der Einführung von Automatisierungsmethoden mit Rechnern dar.

Das Blockschema einer Meßwerterfassungsanlage mit einem Digitalrechner zeigt Abb. 11. Die Analogmeßstellen

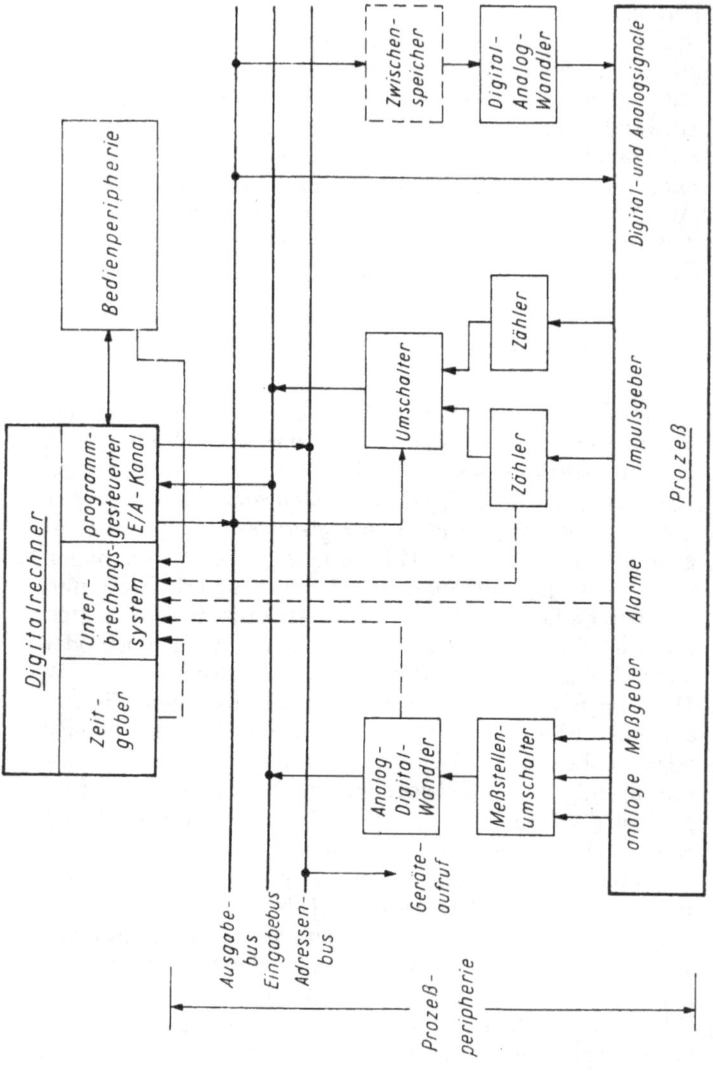

Abb. 11. Schema einer Meßwerterfassungsanlage

werden über Meßstellenumschalter und Meßverstärker mit einem Analog-Digital-Wandler (z. B. Digitalvoltmeter) zur Digitalisierung des Meßsignals verbunden. Meßstellen mit impulsförmigem Ausgangssignal, bei denen die Abgabe eines Impulses und nicht dessen charakteristische Parameter die interessierende Größe ist, werden zur Zählung der Einzelereignisse mit Zählern gekoppelt. Die Zentrale kann unter Programmsteuerung über die Meßstellenumschalter und die einzelnen Zählerregister die Meßstellen periodisch oder nicht-periodisch abfragen. Die vom Digitalrechner ausgegebenen Digitalwerte dienen der Steuerung der Meßstellenumschalter; mit Digital-Analog-Wandlern lassen sich Analoggrößen für die Anzeige und für die unmittelbare Beeinflussung von Stellgliedern erzeugen. Sollen derartige Analoggrößen über Zeiten von Sekunden und länger konstant bleiben, empfiehlt sich eine digitale Zwischenspeicherung vor der Digital-Analog-Wandlung.

Die Meßwertabfrage erfolgt bei Betriebsmeßgrößen gewöhnlich zyklisch und bei Reaktionen auf Störungs- und Fertigmeldungen ausgewählter Größen nicht-zyklisch. Der Abfragezyklus von Analogmeßstellen in industriellen Prozessen beträgt weniger als 100 ms bis zu mehr als 10 min und wird so gewählt, daß sich zwischen den Abfragezeitpunkten die Analoggröße „nicht wesentlich" ändert; eine genauere Formulierung folgt aus dem Abtasttheorem. Der Abfragezyklus hängt von der Prozeßgröße, von der Eigenträgheit des Meßwertgebers und auch davon ab, welche Bedeutung die betreffende Größe für die Prozeßüberwachung einschließlich möglicher Nutzung für Steuerung und Regelung besitzt. Die Zahl der Meßstellen kann in Produktionsanlagen und bei der Überwachung größerer Komplexe, z. B. Kraftwerksblöcke oder Schiffe, weit über 100 liegen. Von der Industrie wird für diese MSR-Technik eine breite Palette von Meßwertgebern, Meßstellenumschaltern, Wandlern, Registern u. a. m. angeboten. Diese Prozeßperipherie bildet zusammen mit einem Digitalrechner („Prozeßrechner") und vom

Rechnerhersteller gelieferten Programmsystemen den Ausgangspunkt für die Automatisierung industrieller Prozesse.

In der Laborautomatisierung sind die Probleme jedoch vielfach anders gelagert. Hier geht es nicht vorrangig um die Kopplung eines Temperaturmeßfühlers o. ä. mit einem Rechner, sondern oftmals um den Anschluß selbständig arbeitsfähiger Geräte, um den gesamten Meßablauf einschließlich Meßdatenverarbeitung und -ausgabe zu automatisieren. Gegenwärtig bietet diese Aufgabe noch große Schwierigkeiten:

- die meisten Laborgeräte, z. B. für die Analysenmeßtechnik, sind vom Hersteller nicht primär für eine Rechnerkopplung ausgelegt. Sie besitzen zwar Anschlußmöglichkeiten für einen Meßwertdrucker o. ä., doch sind Pegel, Zeitkonstanten, Steuerungssignale und Steckerbelegungen für Digital- und Analogausgabe nicht standardisiert;
- häufig ist ohne schaltungstechnische Eingriffe in das Gerät keine Möglichkeit vorhanden, über Statussignale den jeweiligen Betriebszustand des Geräts abzufragen und über Steuereingänge auf elektrischem Wege die Betriebsparameter zu beeinflussen;
- es sind keine Auswerte- und Steuerprogramme verfügbar.

Beim Aufbau eines Meßwerterfassungs- und -verarbeitungssystems ist der Nahtstelle zwischen Meßgerät und Rechner besondere Aufmerksamkeit zu schenken. Sehr vorteilhaft ist es, wenn die Geräte genormte Ein- und Ausgabekanäle für Daten und Steuerinformationen besitzen. Die Ausrüstung möglichst vieler Labormeßgeräte mit derartigen Standard-Interfaces für die Zusammenschaltung weniger Geräte zu einem Meßsystem ohne bzw. mit einer kleinen Zentrale (z. B. Standard-Interface SI 1.2 oder IEC-Bus Empfehlung TC No. 66) erleichtert daher ganz erheblich die Kopplung mit einem Digitalrechner, insbesondere wenn der Rechner selbst eine gleichartige Schnittstelle besitzt. Man kann auch die Ein- und Ausgabe-Elemente der Prozeßperipherie zur Geräteankopplung benutzen. Dies empfiehlt sich besonders dann, wenn wichtige Komponenten des Gesamtsystems, wie Meßstellenumschalter oder Wandler, als Teile der Prozeßperipherie bereits vorhanden sind, z. B. bei ursadat 4000 oder CAMAC.

Bei der Konzeption des Systems ist der Meßprozeß genau zu analysieren, um den Meßablauf zu programmieren und den erforderlichen Speicherplatz abzuschätzen. Die vollständige Speicherung aller anfallenden Meßwerte ist aus Speicherplatzgründen meist nicht möglich und auch nicht notwendig. Daten, die den normalen Betriebsablauf charakterisieren, können nach ihrer Auswertung im allgemeinen sofort wieder „vergessen" werden. Die Speicherung der Daten aus den jeweils letzten Abfragezyklen erleichtert die Analyse der Ursache aufgetretener Fehler und den Neustart der Apparatur. Relativ speicherplatzsparend ist es, wenn sich die digitalisierten Meßdaten zu Spektren akkumulieren lassen oder Informationen über gleichartige, wiederholt auftretende Ereignisse in Zählzellen aufsummiert werden können. Auf Fragen des Speicherplatzbedarfs und der Geschwindigkeit der Datenreduktion und -auswertung im Echtzeitbetrieb wird in den folgenden Abschnitten näher eingegangen.

4.2. *Meßdatenspeicherung*

In der Labor- und Prüffeldmeßtechnik spielt die Speicherung der Meßdaten eine große Rolle. Dies betrifft die Zwischenspeicherung und Aufsummierung einzelner Meßwerte, bevor eine weitere Datenreduktion und rechnerische Auswertung erfolgen kann, und dies gilt auch für die Speicherung von Ergebnissen und Tabellen zur Ausgabe und zur Steuerung und Führung des Meßsystems. Die Meßdaten werden nach verschiedenen Kodes in binärer Form auf unterschiedlichen Datenträgern gespeichert:

- Lochstreifen: für geringe Datenmengen mit anschließender off-line Auswertung der einzelnen Ereignisse und als Speicher der vom Rechner ausgegebenen Resultate;
- Arbeitsspeicher eines Digitalrechners (Ferritkern-, Halbleiterspeicher): begünstigt die rechnerische Bearbeitung der Daten vor und nach dem Speichervorgang, allerdings ist die Speicherkapazität bei Kleinrechnern auf größenordnungsmäßig 10^4 Worte beschränkt;
- externe Großraumspeicher von Digitalrechnern: Magnetplatten-, Magnettrommel- und Magnetbandspeicher mit unterschiedlicher Speicherorganisation und Bedienung durch den Rechner.

Die Methoden der Datenspeicherung lassen sich nach Tabelle 8 grob in drei Gruppen einteilen:

- Speicherung von Häufigkeitsverteilungen der Werte eines oder mehrerer Parameter von diskreten und impulsförmigen Signalen;
- Speicherung kontinuierlicher Signale durch periodische Abtastung, Digitalisierung der Abtastwerte und Akkumulation zu Spektren und Verteilungsfunktionen;
- Digitalisierung bildlicher Strukturen als Voraussetzung für die Speicherung und Bearbeitung mit den Mitteln der digitalen Rechentechnik.

4.2.1. *Häufigkeitsverteilungen*

Das Prinzip der Messung einer Häufigkeitsverteilung ist in Abb. 12 am Beispiel eines Impulshöhenspektrums dargestellt. Die periodische oder zeitlich stochastisch verteilte Impulsfolge am Ausgang des Meßwertgebers wird im Analog-Digital-Wandler digitalisiert. Hierbei

Tabelle 8

Einige Methoden der Meßdatenspeicherung

Aufgabenstellungen	Anwendungsgebiete (Auswahl)
Messung einer Häufigkeitsverteilung („Spektrum"): – Zeitverteilung von Impulsen – Impulshöhenverteilungen – Streuung von Parameterwerten	Kern- und Elementarteilchenphysik; Analysenmeßtechnik mit radioaktiven Isotopen, Röntgenstrahlung und physikalisch-chemischen Methoden; Massenspektrometrie;
Speicherung kontinuierlicher Signale durch periodische Abtastung: – Digitalisierung der abgetasteten Signale und Registrierung in zeitlicher Folge oder als Impulshöhenspektrum – Verbesserung des Signal-Rausch-Verhältnisses	Spektralanalyse; elektro- und nuklearmedizinische Untersuchungen; Serienprüfung elektronischer und anderer Bauelemente; Schwingungsmeßtechnik; Überwachung von Produktionsanlagen
Digitalspeicherung bildlicher Strukturen: – punktweise Bildabtastung – Spurausmessung	Werkstoffuntersuchungen; Elementarteilchenphysik; Strukturerkennung in Medizin und Biologie; automatische Auswertung medizinischer Röntgenaufnahmen; Zeichenerkennung

wird die Impulshöhe als interessierender Parameter der Impulsfolge einem der gleichbreiten Impulshöhenintervalle („Kanäle") zugeordnet. Die Nummer dieses Kanals überträgt man zum Speicher und interpretiert sie als

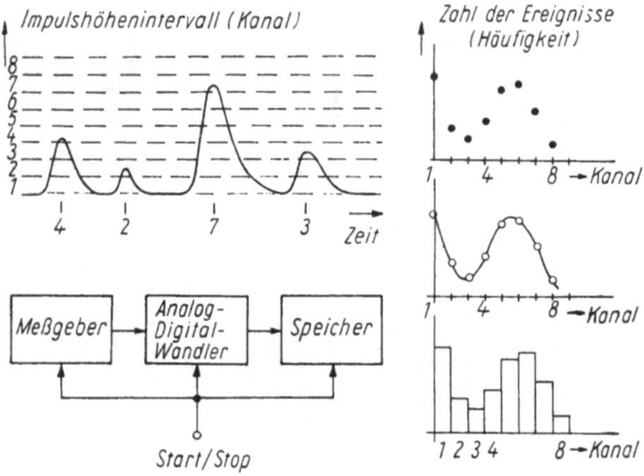

Abb. 12. **Messung einer Häufigkeitsverteilung am Beispiel eines Impulshöhenspektrums**

Adresse des betreffenden Speicherplatzes. Der Inhalt des Speicherplatzes wird gelesen, um 1 erhöht (inkrementiert) und wieder auf den gleichen Platz eingeschrieben. Auf diese Weise lassen sich im Speicher die Einzelereignisse zu einem Spektrum akkumulieren. In der graphischen Darstellung werden die einzelnen Punkte der Häufigkeitsverteilung wegen der besseren Übersichtlichkeit durch einen glatten Kurvenzug miteinander verbunden oder zu einem Säulendiagramm erweitert.

Impulshöhenspektren. Impulshöhenmessungen nach Abb. 12 treten bei Untersuchungen in der Kernphysik und mit Röntgen-Strahlung (energiedispersive Analyseverfahren) sehr häufig auf. Einige Arten von Strahlungs-

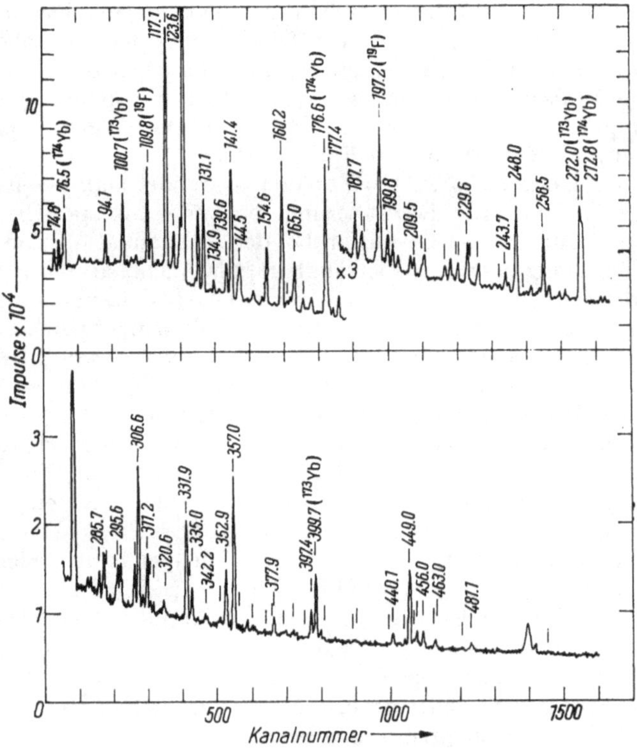

Abb. 13. γ-Spektrum aus der Reaktion ^{173}Yb(d,2n) ^{173}Lu, gemessen mit einem Ge(Li)-Detektor (L. FUNKE, Rossendorf)

detektoren geben Ausgangssignale ab, deren Impulshöhe ein Maß für die im Strahlungsdetektor umgesetzte Energie eines Strahlungspartikels ist. Mit modernen Halbleiterdetektoren für γ-Strahlung wird eine derart hohe Energieauflösung erreicht, daß eine Digitalisierung der Impulshöhen nach 1000 bis 8000 Kanälen sinnvoll ist, s. Abb. 13. Große Kanalzahlen werden auch bei Messungen mit hochauflösenden Massenspektrometern benötigt. Bei geringerer Auflösung, z. B. unter Verwendung von Szintillationszählern, kommt man mit 100 bis 300 Kanälen aus, Klassifizierungsmessungen in Prüffeldern für mechanische Größen oder Bauelementetoleranzen brauchen oft nicht mehr als größenordnungsmäßig 10 Kanäle (statt der Impulshöhe wird hier die Verteilung der Werte von Längen, Widerständen o. ä. registriert).

Bei mehr als 50 bis 100 Kanälen verwendet man Ferritkernspeicher zur Registrierung: entweder als spezielles Gerät für die +1-Operation bei der Akkumulation eines Einzelereignisses („Vielkanal-Impulshöhenanalysator") oder man nutzt den Arbeitsspeicher eines Digitalrechners und inkrementiert den betreffenden Inhalt der Speicherzelle über Programm oder über einen Steuereingang „Inkrementieren". Bei sehr kleinen Kanalzahlen läßt sich für jeden Kanal ein separater Zähler verwenden.

Die meisten Kleinrechner besitzen direkt adressierbare Arbeitsspeicher von 16 bis 32 K Worten bei 16 bit Wortlänge und können daher, falls das Programm nur einen kleinen Teil des Arbeitsspeichers beansprucht, mehrere Spektren zu je 2000 oder 4000 Kanälen speichern. Jeder Speicherplatz kann bei 16 bit Länge maximal $2^{16} - 1 = 65535$ Ereignisse des betreffenden Impulshöhenintervalls registrieren. Mit einer Kombination aus Ferritkernspeicher als Arbeitsspeicher und Magnetplattenspeicher als externen Speicher lassen sich sehr große Kanalzahlen für die Spektrenregistrierung erreichen [36].

In der Kernphysik steht die elektronische Meßtechnik für die Gewinnung von Impulshöhenspektren und ihre Registrierung in Vielkanalanalysatoren und Digitalrechnern auf einem hohen technischen Niveau. Besonders die Methoden zur Kopplung der Meßapparatur mit dem Rechner, z. B. über das modulare Gerätesystem CAMAC, fanden Eingang in viele andere Disziplinen.

Mehrparametrige Häufigkeitsverteilungen. Der Speicherplatzbedarf wächst sehr stark an, wenn im Gegensatz zu den Abb. 12 und 13 Häufigkeitsverteilungen, die von mehr als einem einzigen Parameter abhängen, zu registrieren sind. Mit 2 Parametern, die jeweils mit einer Auflösung von 1000 Kanälen gemessen werden sollen, ergibt sich bei Speicherung aller möglichen Wertekombinationen ein Speicherplatzbedarf von $N = 1000^2 = 10^6$ direkt adressierbaren Plätzen. Dies übersteigt bei weitem die Größe des Arbeitsspeichers von Kleinrechnern (und auch der Großrechner). Ein Beispiel einer zweiparametrigen Messung ist in Abb. 14 skizziert: zwei Strahlungsdetektoren geben Signale ab, die nach 64 Kanälen digitalisiert und nur dann registriert werden, wenn sie innerhalb eines kleinen Zeitintervalls (hier $\Delta T \approx 26$ ns) eintreffen. Der Speicher ist als Matrix organisiert: Detektor I gibt die Kanalnummer in x-Richtung und Detektor II in y-Richtung an. Insgesamt werden $N = 64^2 = 4096$ Kanäle benötigt, die im Arbeitsspeicher eines Kleinrechners TPA-1001 bereitgestellt werden. Das Spektrum in Abb. 14b wird oft als zweidimensionales Spektrum bezeichnet; die Punktgröße ist dem Speicherinhalt proportional — es sind auch Darstellungen als perspektivisch gezeichnetes Relief (ähnlich Abb. 21) oder mit Höhenlinien gebräuchlich.

Charakteristisch für die meisten mehrparametrigen Häufigkeitsverteilungen ist, daß wie in Abb. 14b beträchtliche Teile des Speichers im wesentlichen leer bleiben und daß der mittlere Kanalinhalt klein ist. Bei $N = 10^6$ Speicherplätzen wäre mit 10^3 Ereignissen/s für einen mittleren Kanalinhalt von 10 bereits eine Meßzeit von 10^4 s $\approx 2{,}8$ h erforderlich. Die ungleichmäßige Speicherplatzausnutzung und die benötigte hohe Kanalzahl bei mehrparametrigen Messungen nach der Art der Abb. 14 legen es nahe, Verfahren für die Zuordnung des verfügbaren, direkt adressierbaren Speichervolumens zu den Parameterbereichen mit wesentlicher Information zu suchen. Hierfür bietet sich eine Reihe von Möglichkeiten an, die selbstverständlich auch für eine einparametrige Verteilung anwendbar sind.

1. Digitalfilterung. Der Umfang der Parameterwerte wird durch Aussortieren einzelner Wertebereiche, die in

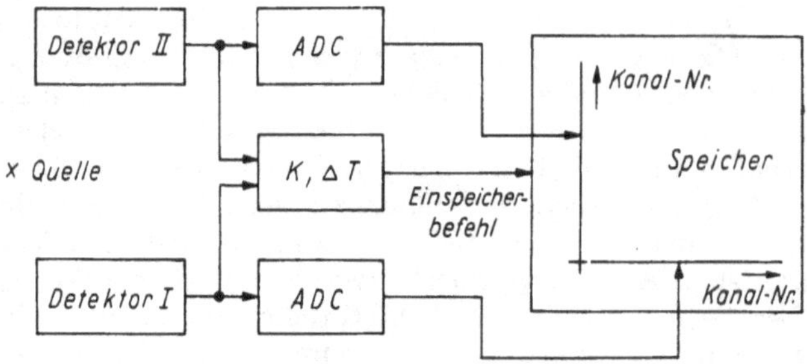
Detektor II
ADC
Kanal-Nr.
x Quelle
K, Δ T
Speicher
Einspeicher-
befehl
Detektor I
ADC
Kanal-Nr.

a

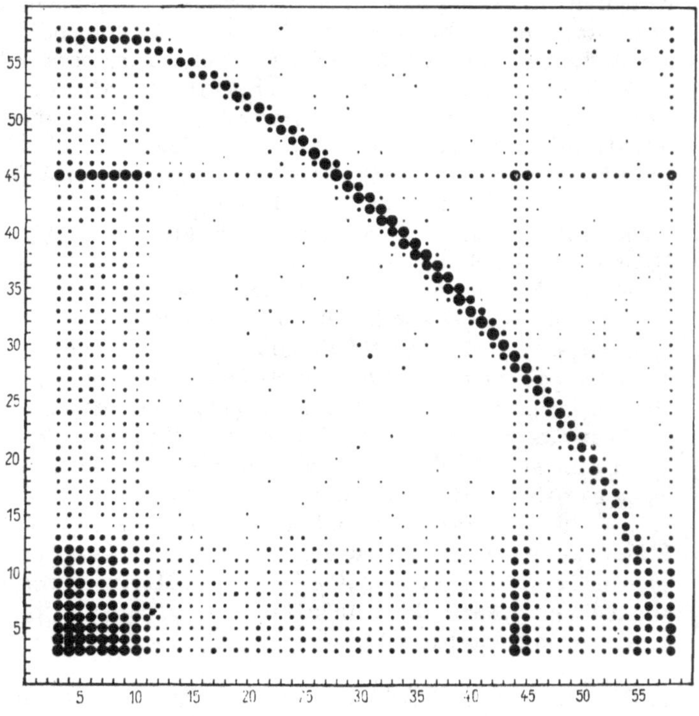

b

der laufenden Messung nur von untergeordnetem Interesse sind, reduziert. Jedes eintreffende digitalisierte Ereignis wird auf die Erfüllung logischer Bedingungen geprüft:

— Digitalfilterung zwischen Analog-Digital-Wandler und Speicher (Abb. 15). Vor der Messung werden die interessierenden Bereiche eingestellt. Nur Ereignisse in den

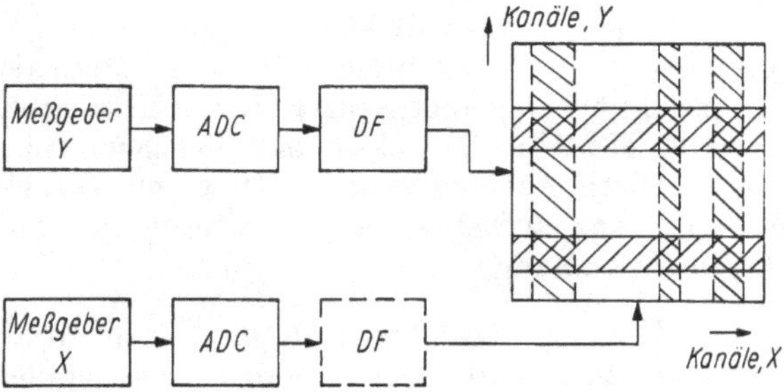

Abb. 15. Digitalfilterung, DF Digitalfilter, zugelassene Bereiche schraffiert

so ausgewählten Digital„fenstern" werden zur Registrierung zugelassen. Aus der gesamten Häufigkeitsverteilung werden die in Abb. 15 schraffierten Gebiete zur Registrierung in einem direkt adressierbaren Speicher ausgeblendet, wobei für die einzelnen Ereignisse eine entsprechende Adressenrechnung notwendig wird;

— Digitalfilterprogramm im Rechner. Die Rolle des Digitalfilters in Abb. 15 übernimmt ein Rechenprogramm,

Abb. 14. Zweiparametrige Impulshöhenverteilung;

a: Prinzip der Meßapparatur, ADC Analog-Digital-Wandler, K Koinzidenzschaltung für Zeitintervall ΔT,

b: Beispiel eines Spektrums für 64 × 64 Kanäle: Protonen aus der Messung des Deuteronenaufbruchs $^2H(p,2p)n$, Ereignisse bei niedrigen Kanalnummern stellen Untergrund dar. Stufung der Zahl der Ereignisse im Kanal: 133···160 größte Punkte, 111···132, ..., 3···6, 1 bis 2 kleinste Punkte [37] das jedes ankommende Ereignis hinsichtlich der Lage im Spektrum untersucht. Bei Zulassung wird die Speicheradresse ermittelt und das Ereignis in den Arbeitsspeicher des Rechners eingetragen. Nicht zugelassene Ereignisse können wahlweise ignoriert oder für eine eventuelle spätere Auswertung auf einem externen Speicher, z. B. Magnetband, archiviert werden.

Die erste Methode hat den Vorteil, daß der Rechner nicht mit zahlreichen und relativ langwierigen Vergleichsoperationen belastet wird, während die zweite Methode auch die Auswahl beliebig abgegrenzter Bereiche erlaubt. Die Begrenzung des Wertebereichs kann im Gegensatz zu Abb. 15 auch durch Analogwertbearbeitung mit Diskriminatoren und Analog-Mehrkanalanalysatoren vor der Analog-Digital-Wandlung erfolgen.

2. Sukzessive Messung von Teilspektren. Die gesamte Häufigkeitsverteilung wird aus mehreren nacheinander gemessenen Teilspektren erhalten. Beispielsweise läßt sich bei zweidimensionalen Messungen der Wertebereich des einen Parameters durch einen Diskriminator vor der Analog-Digital-Wandlung oder durch Digitalfilterung so einschränken, daß im Arbeitsspeicher alle zugelassenen Ereignisse zu einem Spektrum akkumuliert werden können. Die einzelnen Teilspektren entsprechen den schraffierten Bereichen in Abb. 15 und werden nach der Messung als Datenblock auf einem externen Großraumspeicher, z. B. Magnetband, ausgelagert (vgl. auch Abb. 21).

3. Ereignisspeicherung. Die Einzelereignisse werden in der Reihenfolge ihres Eintreffens auf Magnetband abgespeichert (sequentielle Registrierung) und nach Ende der Messung zu Spektren akkumuliert. Vorteilhaft ist der geringe apparative Aufwand und die Möglichkeit, daß man in einfacher Weise Meßwerte, die von einem bestimmten Zeitpunkt an durch Störungen und Havarien der Meßapparatur verfälscht sind, abtrennen kann. Nachteilig ist, daß während der Messung keine Spektren zur Verfügung stehen, die Auskunft über den Ablauf des Experiments und Informationen über notwendige Eingriffe in die Meßapparatur geben können. Die Akkumulation der Ereignisse zu Spektren erfolgt zweckmäßig an leistungsfähigen Rechenanlagen, die über große Arbeitsspeicher und Magnetplatten verfügen. Gewöhnlich sind mehrere Durchläufe des Datenträgers erforderlich.

4. Datenreduktion vor der Speicherung. Durch Verknüpfung der Parameterwerte jedes Einzelereignisses vor seiner Speicherung kann man den Wertebereich eines oder mehrerer Parameter und damit den erforderlichen Speicherbedarf erheblich verringern. Am Beispiel der Flugzeitmeßtechnik zur Teilchenidentifizierung bei Kernreaktionen (Messung der Energiespektren mit Unterscheidung der Teilchenmasse m) läßt sich das Prinzip leicht einsehen. Man mißt die Teilchenenergie E und die Flugzeit T für die apparativ vorgegebene Flugstrecke L zwischen Target und Detektor (Größenordnung Meter). Die Registrierung von E und T würde bei einer Digitalisierung z. B. nach 256 Kanälen für die zweidimensionale Darstellung (E, T) einen Speicher mit mehr als 65000 Speicherplätzen erfordern, die allerdings wegen des physikalischen Zusammenhangs zwischen E und T ähnlich zur Abb. 14b nur teilweise belegt werden. Mit der für nichtrelativistische Teilchen gültigen Beziehung $E = m \cdot v^2/2$ und der Teilchengeschwindigkeit $v = L/T$ wird $m = 2E/v^2 = \text{const} \cdot E \cdot T^2$. Mit dem Rechner wird für jedes eintreffende Ereignis aus E und T in der angegebenen Weise m berechnet und die Speicherung nach E und m organisiert. Da m auf wenige Werte beschränkt ist, reduziert sich die zweidimensionale Darstellung (E, m) auf die Energiespektren für die betreffenden Massen. Praktische Schwierigkeiten entstehen durch Nichtlinearitäten der Flugzeitmessung, durch den erforderlichen Rechenaufwand bei hohen Ereignisraten und durch die nicht immer ausreichende Unterscheidbarkeit der zu verschiedenen Massen gehörenden Ereignisse.

Bei Messungen von Mehrteilchenreaktionen in einer Meßanordnung nach Abb. 14a treten energie- und massenabhängige Laufzeiten der Partikel auf, d. h., gleichzeitig emittierte Partikel ergeben in der Meßapparatur keine Koinzidenz (Gleichzeitigkeit). In [37] wird vom Rechner für jedes Ereignispaar die Laufzeit hinsichtlich des Einflusses der Energie der betreffenden Partikel und der energieabhängigen Zeitverzögerung im Nachweisdetektor korrigiert und anschließend entschieden, ob die beiden Partner koinzident emittiert wurden oder ob sie ein zufälliges Untergrundereignis darstellen. Auf diese Weise wurde die zweidimensionale Häufigkeitsverteilung Abb. 14b mit den Parametern E_1 und E_2 erhalten. Mit einer ähnlichen Datenbehandlung [38] kann man auch die Laufzeitdifferenz bei unterschiedlichen Energien und Massen berücksichtigen, z. B. bei Reaktionen der Art $^{10}B + d \rightarrow {}^{7}Li + \alpha + p$. In diesem Fall wird die Koinzidenzbedingung $\Delta T = 0$ nur für Ereignisse mit den gewünschten Massen m_1 und m_2 erfüllt. Bei anderen Kombinationen der Massenzahlen ist die korrigierte Zeitdifferenz $\Delta T \neq 0$, so daß im Prinzip durch Auswertung der Intervalle von ΔT (durch ein Digitalfilterprogramm des Rechners) eine massenzahlabhängige Registrierung der Energiespektren (E_1, E_2) ermöglicht wird.

In der Praxis kombiniert man die genannten Verfahren. Beispielsweise läßt sich die Kommunikation zwischen Apparatur und Experimentator bei der Ereignisspeicherung entscheidend verbessern, wenn man ausgewählte Spektren oder unter Verzicht auf eine hohe Auflösung auch die gesamte Häufigkeitsverteilung während der Messung akkumuliert und dem Bediener über einen Sichtschirm zugänglich macht. Eine Übersicht über einige in der Kernphysik erprobte Anordnungen und Verfahren findet man in [11, 39].

Am günstigsten wäre es, wenn sich bei solchen mehrparametrigen Häufigkeitsverteilungen, die wie in Abb. 14b große Gebiete mit wenigen oder überhaupt keinen

Daten aufweisen, der verfügbare Speicherplatz automatisch den Bereichen mit wesentlicher Information zuordnen ließe. Eine Möglichkeit hierzu ergibt sich aus der Assoziativspeicherung.

Assoziativspeicherung. Ein Assoziativspeicher ist ein Speicher, bei dem der Zugriff zu den Speicherzellen über die gespeicherte Information erfolgt und nicht über die Angabe der örtlichen Lage (Adresse) der einzelnen Speicherzellen, wie es z. B. in den Ferritkern- und Magnetplattenspeichern von Rechnern der Fall ist. Im allgemeinen enthält jedes Wort einen assoziativen Teil und einen damit verknüpften, nicht-assoziativen Datenteil. Beim Durchrufen des Speichers werden alle assoziativen Teile gleichzeitig aufgerufen und die gewünschte Zelle mit ihrem zugehörigen Datenteil ausgelesen. Beispielsweise könnte man bei einer assoziativ gespeicherten Mitarbeiterkartei ohne sukzessives Durchsuchen der Liste und ohne Kenntnis der Speicheradresse nach dem Namen aufrufen und die nicht assoziativ zugänglichen Personalangaben dieses Mitarbeiters erhalten. Die technische Realisierung derartiger assoziativer Speicher ist aufwendig und teuer und hat trotz erfolgversprechender Versuche u. a. mit supraleitenden Speicherelementen für die Speicherung großer Datenmassive keine Bedeutung erlangt. In [40, 41] werden technische Probleme und Anwendungsmöglichkeiten für den sehr schnellen Aufruf von Unterprogrammen, z. B. bei Standardsituationen in der Flugsicherungs- und Militärtechnik und für die Zeichenerkennung zusammenfassend diskutiert.

Übertragen auf das Problem der Registrierung mehrparametriger Häufigkeitsverteilungen ergibt sich das folgende Verfahren. Der Deskriptor eines Ereignisses — das sind die Kanalnummern in x- und y-Richtung der Verteilung aus Abb. 14 — wird nicht wie bei den zuvor besprochenen Methoden als Adresse für die Speicherzelle dieser Ereignisse interpretiert, sondern der Assoziativspeicher wird nach dem betreffenden Deskriptor durchgerufen. Findet man einen Speicherplatz, dessen assoziativer Teil mit dem Deskriptor übereinstimmt, wird der anhängende Datenteil inkrementiert. Ist der Deskriptor im Speicher nicht vorhanden, wird entweder eine noch freie Zelle belegt (d. h., im assoziativen Teil wird der Deskriptor und im Datenteil eine „1" eingetragen) oder das Ereignis wird nicht berücksichtigt, wenn bereits alle Speicherplätze vergeben sind. Bei diesem Verfahren werden also die N Speicherplätze des Assoziativspeichers an die ersten N verschiedenen Deskriptoren verteilt. Es leuchtet ein, daß hierbei die intensivsten Gebiete der Häufigkeitsverteilung, deren Deskriptoren mit der größten Wahrscheinlichkeit erscheinen, den Hauptteil des Assoziativspeichers belegen. Auf diese Weise stellt sich der Speicher selbsttätig auf die intensivsten Gebiete der Häufigkeitsverteilung ein. Diese automatische Auswahl läßt sich qualitativ verbessern, wenn man durch einfache Digitalfilterung beispielsweise die Untergrundgebiete hoher Intensität von vornherein von der Registrierung ausschließt und damit den Speicherplatz nur mit Daten aus „interessierenden" Gebieten füllt. Praktische Beispiele zeigen, daß man bei zweidimensionalen Häufigkeitsverteilungen nach Art der Abb. 14b statt 10^6 Speicherplätze (bei Messung jedes Parameters nach 10^3 Kanälen) nur einige 10^3 Plätze benötigt [39].

In der Labor- und Prüffeldmeßtechnik stehen keine assoziativ arbeitende Speicher für mehrparametrige Häufigkeitsverteilungen zur Verfügung. Deshalb läßt sich bei Verwendung konventionell nach Adressenaufruf organisierter Ferritkern- und Halbleiterspeicher ein assoziatives Verhalten nur durch aufwendige Zusatzschaltungen oder durch geeignete Rechenprogramme erreichen. Hierfür sind mehrere Möglichkeiten bekannt [39, 42]:

1. Listenmethode. Jeder eintreffende Deskriptor löst ein Durchsuchen der Liste bereits gespeicherter Deskriptoren aus, bis eine Übereinstimmung gefunden wird; dann wird der Datenteil inkrementiert. Anderenfalls wird am Ende der Liste vom betreffenden Deskriptor eine neue Zelle belegt, oder das Ereignis wird bei bereits abgeschlossener Liste nicht mehr berücksichtigt. Bei N Speicherplätzen sind im Mittel etwa $N/2$ Vergleichsoperationen nötig. Mit $N = 4 \cdot 10^3$ und 5 µs Zeitdauer für eine Vergleichsoperation sind also je Ereignis rund 10 ms Rechenzeit erforderlich. Das beschränkt die erfaßbare Datenmenge auf weniger als 10^2 Ereignisse/s und stört, falls der Rechner weitere Aufgaben im Echtzeitbetrieb zu erfüllen hat.

2. Baummethode. Der Rechenaufwand reduziert sich gegenüber der Listenmethode ganz erheblich, wenn beim Vergleich von Deskriptorpaaren drei Antworten zugelassen werden: Übereinstimmung, erster Deskriptor

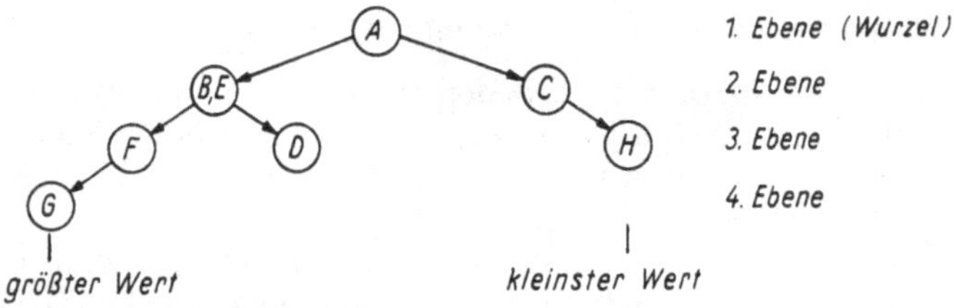

Abb. 16. Baum-Methode für Assoziativspeicherung, nach [39]; zeitliche Reihenfolge der Ereignisse: A, B, C, ..., H; Reihenfolge nach Größe: G, F, B = E, D, A, C, H

ist größer, erster Deskriptor ist kleiner. Je nach Antwort wird der Vergleich beendet oder nach oben oder unten, bezogen auf die Speicheradressen, fortgesetzt, so daß sich eine baumartige Struktur ergibt, Abb. 16. Bei N Speicherzellen sind maximal nur noch $\log_2 N$ Vergleiche nötig, die mit $N = 4 \cdot 10^3$ und 10 µs je Vergleichs- und Sprungoperation etwa 120 µs dauern. Die Aufteilung des Speichers in mehrere Bäume verringert diese Zeit noch, liefert aber unübersichtliche Strukturen.

3. Pseudo-zufällige Transformation. Die Speicheradressen für einen konventionellen Speicher werden aus den eintreffenden Deskriptoren nicht durch mehrfachen Vergleich, sondern durch eine pseudo-zufällige Transformation ermittelt. Pseudo-zufällig bedeutet hierbei, daß der Zusammenhang zwischen den Deskriptoren und den transformierten Werten zwar zufällig erscheint, doch für ein und denselben Deskriptor in stets gleicher Weise, also reproduzierbar, auftritt.

Die Assoziativspeicherung von Häufigkeitsverteilungen führt zu einer beträchtlichen Einsparung an Speicherplatz. Abgesehen vom Zusatzaufwand für eine schaltungstechnische Lösung oder für das Rechenprogramm zur Listen-, Baum- und Transformationsmethode, das mitunter erhebliche Rechenzeit beansprucht, muß man jedoch einige Nachteile dieser Speicherverfahren beachten, die ihre allgemeine Anwendung einschränken:

— der Speicherplatz wird den intensivsten Gebieten der Häufigkeitsverteilung zugeordnet, so daß Gebiete geringerer Intensität, aber möglicherweise mit wichtigen Daten, nicht berücksichtigt werden;
— die Häufigkeitsverteilung ist „zerrissen“; Schnitte in Zeilen- oder Spaltenrichtung zweidimensionaler Darstellungen liefern nicht wie in Abb. 14b oder Abb. 21 Spektren mit äquidistanten Punkten, sondern Verteilungen mit Unterbrechungen vor allem in den Bereichen kleiner Häufigkeit. Die für die Spektrenauswertung entwickelten Programme setzen jedoch gewöhnlich äquidistante Meßpunkte voraus;
— die gespeicherten Daten sind nicht geordnet, so daß eine on-line Bearbeitung wegen der erforderlichen Sortierung Schwierigkeiten bereiten kann.

Durch die Ausrüstung von Kleinrechnern mit Magnetplattenspeichern großer Kapazität ist es möglich, auch Häufigkeitsverteilungen, deren Umfang die Arbeitsspeichergröße eines Kleinrechners bei weitem übersteigt, in direkter Adressierung zu akkumulieren. Dies und die erwähnten Mängel dürften entscheidend sein, daß sich die beschriebenen assoziativen Speicherverfahren nicht durchgesetzt haben. Die pseudo-zufällige Transformation könnte jedoch an Bedeutung gewinnen, wenn in Systemen mit Mikrorechnern und sehr beschränktem Speichervolumen Übersichtsmessungen durchgeführt werden müssen, um die Meßbedingungen für mehrparametrige Häufigkeitsverteilungen genau einstellen zu können.

Pseudo-zufällige Digitaltransformation. Das Prinzip einer Assoziativspeicherung mit Transformationsmethoden ist

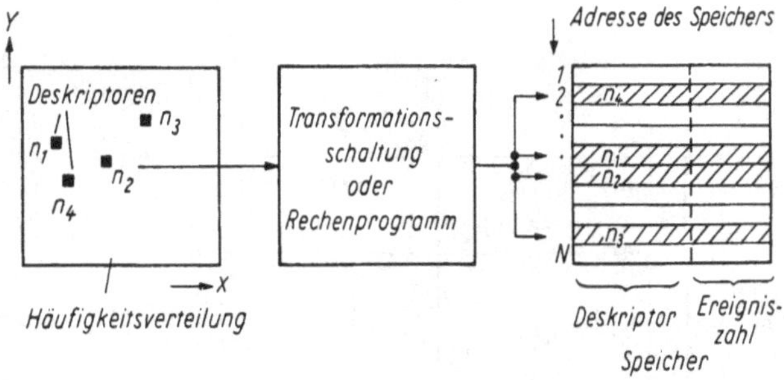

Abb. 17. Assoziativspeicherung mit Transformation der Deskriptoren $n_1 = (X_1, Y_1)$, $n_2 = (X_2, Y_2)$, ..., zu Speicheradressen 1 ... N

in Abb. 17 angedeutet. Die Deskriptoren für die einzelnen Punkte der Häufigkeitsverteilung werden im Echtzeitbetrieb zu Adressen für einen konventionell aufgebauten Speicher umgewandelt. Die Speicherzellen enthalten den Deskriptor und die Zahl der zugehörigen Ereignisse. Die Speicherung des Deskriptors ist notwendig, weil bei der Reduktion der Gesamtzahl der möglichen Deskriptoren auf die Speichergröße N mehrere verschiedene Deskriptoren die gleiche Speicheradresse bekommen. Die Transformation muß folgende Eigenschaften besitzen [42, 43]:

— jeder einzelnen Speicheradresse sollen möglichst gleich viele verschiedene Deskriptoren, die statistisch über

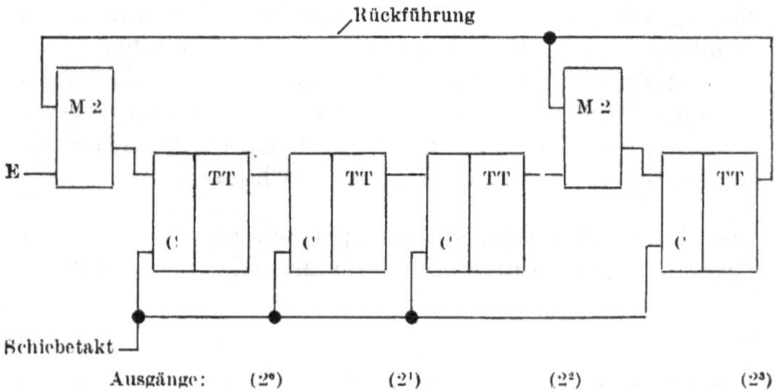

Takt	Stufe 2^0	2^1	2^2	2^3	Register-inhalt	
Anfangszustand	1	0	0	0	1	Periode der Pseudo-Zufallszahlen 1 bis 15
1	0	1	0	0	2	
2	0	0	1	0	4	
3	0	0	0	1	8	
4	1	0	0	1	9	
5	1	1	0	1	11	
6	1	1	1	1	15	
7	1	1	1	0	7	
8	0	1	1	1	14	
9	1	0	1	0	5	
10	0	1	0	1	10	
11	1	0	1	1	13	
12	1	1	0	0	3	
13	0	1	1	0	6	
14	0	0	1	1	12	
15	1	0	0	0	1 = Anfangszustand	
⋮						

Abb. 18. Erzeugung von Pseudo-Zufallszahlen mit rückgekoppeltem Schieberegister, das aus zweistufigen Triggern (TT) und Gliedern Addition modulo 2 (M 2) besteht

die gesamte Häufigkeitsverteilung verstreut sind, zugeordnet sein;
– benachbarte Deskriptoren sollen zu verschiedenen Adressen führen, um zusammenhängende Gebiete hoher Intensität ohne Lücken transformieren zu können;
– die Transformation soll mit geringem Zusatzaufwand an Schaltungen oder Programmen realisierbar sein und darf im Interesse hoher Datenraten nur eine kurze Ausführungszeit beanspruchen.

In [43] wird gezeigt, daß insbesondere für Häufigkeitsverteilungen der Art der Abb. 14b die Division von Polynomen als Transformationsmethode geeignet ist. Sie läßt sich auch durch rückgekoppelte Schieberegister verwirklichen.

In Abb. 18 ist ein rückgekoppeltes Schieberegister dargestellt, wie es zur Erzeugung von Pseudo-Zufallszahlen verwendet wird. Die Rückführung erfolgt über Addition modulo 2 oder Exclusive-ODER-Gatter. Mit dem Taktimpuls 0 wird über den Eingang E der logische Zustand 1 eingekoppelt; bei den nachfolgenden Taktimpulsen bleibt E im Zustand 0. Mit der Zuordnung 2^0, 2^1, 2^2 ... der n Stufen erhält man mit jedem Taktimpuls einen anderen Schieberegisterinhalt, der mit einer Periode von $(2^n - 1)$ Taktimpulsen alle Werte von 1 bis $(2^n - 1)$ in ungeordneter, aber reproduzierbarer Folge annimmt (zyklischer Kode). Derartige zyklische Kodes haben große Bedeutung bei der Fehlersicherung in der Nachrichtenübertragungstechnik erlangt.

Erstreckt sich die Rückführung nicht über alle Stufen, ergeben sich nach einer bestimmten Zahl von Taktimpulsen in einigen Fällen aus unterschiedlichen Anfangszuständen gleiche Endzustände. Abb. 19 zeigt ein Beispiel mit dem Schieberegister aus Abb. 18 und 4 weiteren Stufen, die insgesamt einen 8 bit langen Deskriptor (X, Y) aufnehmen können, wie er bei einer zweidimensionalen Häufigkeitsverteilung von 16×16 Elementen entsteht.

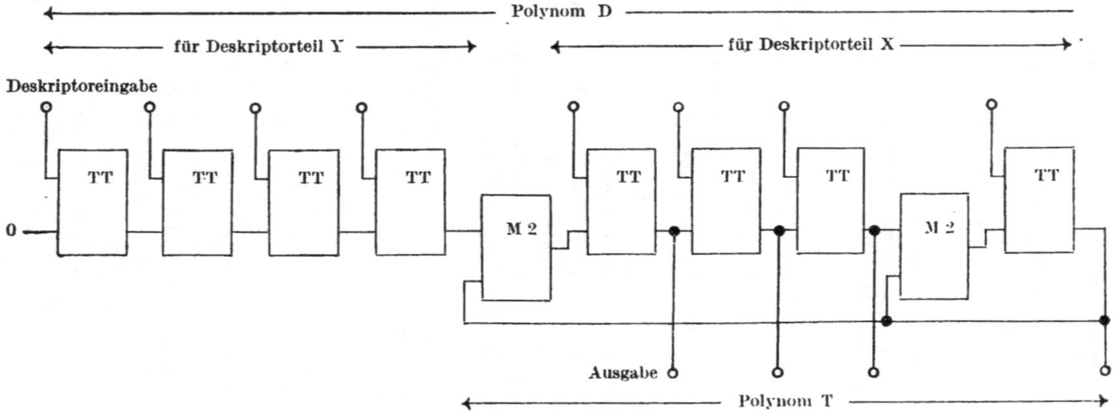

Ausgangszustand:	1 1 0 0 ¦ 0 0 0 0		≙ Deskriptor (X, Y) = (0,3)
nach 5 Verschiebungen:			
	0 0 0 0	0 1 1 0	
	0 0 0 0	0 0 1 1	
	0 0 0 0	1 0 0 0	
nach D (= 8) Takten:	0 0 0 0	0 1 0 0	
		≙ R = 2 als Transformation von (0,3)	

Abb. 19. Pseudo-zufällige Transformation von 8 bit langen Deskriptoren (X, Y) zu einem 4 bit langen Wort mit Beispiel $(0, 3) \to 2$

Bei einer Gesamtlänge des Schieberegisters von D Stufen erfolgt die Transformation mit D Taktimpulsen, so daß gerade die niederwertigste Stelle aus dem Schieberegister herausgeschoben wurde. Diese Operation entspricht einer Division eines Polynoms D durch ein Polynom T, das vom rückgekoppelten Teil des Schieberegisters dargestellt wird; die transformierte Zahl gibt den Rest R wieder. Der Rest R kann $2^4 = 16$ verschiedene Zustände annehmen, die bei fortlaufender Erhöhung der Deskriptorwerte $0 \cdots 255$ pseudo-zufällig verteilt sind. Auf diese Weise werden die 256 Elemente der zweidimensionalen

Tabelle 9

Pseudo-zufällige Transformation der Deskriptoren (X, Y) mit der Anordnung nach Abb. 19

		→ X															
		0	1	2	3	4	5	6	7	8	9	10	11	12	13	14	15
	0	**0**	14	5	**11**	10	4	15	1	13	3	8	6	7	**9**	**2**	12
	1	**9**	7	12	**2**	3	13	6	8	4	10	1	15	14	**0**	**11**	5
	2	**11**	5	14	**0**	1	15	4	10	6	8	3	13	12	**2**	**9**	7
	3	**2**	12	7	**9**	8	6	13	3	15	1	10	4	5	**11**	**0**	14
	4	15	1	10	4	5	**11**	**0**	14	**2**	12	7	**9**	8	6	13	3
	5	6	8	3	13	12	**2**	**9**	7	**11**	5	14	**0**	1	15	4	10
	6	4	10	1	15	14	**0**	**11**	5	**9**	7	12	**2**	3	13	6	8
↓	7	13	3	8	6	7	**9**	**2**	12	**0**	14	5	**11**	10	4	15	1
Y	8	7	**9**	**2**	12	13	3	8	6	10	4	15	1	**0**	14	5	**11**
	9	14	**0**	**11**	5	4	10	1	15	3	13	6	8	**9**	7	12	**2**
	10	12	**2**	**9**	7	6	8	3	13	1	15	4	10	**11**	5	14	**0**
	11	5	**11**	**0**	14	15	1	10	4	8	6	13	3	**2**	12	7	**9**
	12	8	6	13	3	**2**	12	7	**9**	5	**11**	**0**	14	15	1	10	4
	13	1	15	4	10	**11**	5	14	**0**	12	**2**	**9**	7	6	8	3	13
	14	3	13	6	8	**9**	7	12	**2**	14	**0**	**11**	5	4	10	1	15
	15	10	4	15	1	**0**	14	5	**11**	7	**9**	2	12	13	3	8	6

Häufigkeitsverteilung in der gewünschten Weise auf 16 Elemente reduziert. Tabelle 9 enthält das Ergebnis der Transformation aller 256 Deskriptoren für die Zuordnung nach Abb. 19. Hieraus ist auch ersichtlich, daß gewisse Zahlenkombinationen erhalten bleiben, siehe halbfett gedruckte Beispiele.

Aus der Theorie der Schieberegister läßt sich eine einfache Beziehung zur Berechnung der transformierten Deskriptoren angeben. Für ein Schieberegister mit Rückkopplung nach Abb. 20 gilt nach [44], daß der Zustand

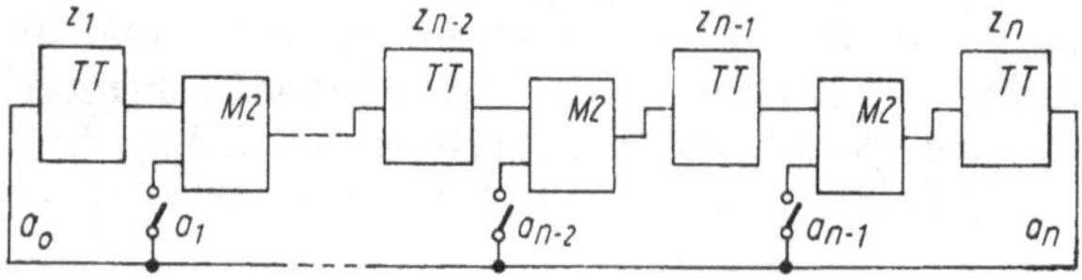

Abb. 20. Allgemein rückgekoppeltes Schieberegister

$z^{(i)}$ durch eine Überführungsmatrix $\boldsymbol{F}$ in den Zustand $z^{(i+1)}$ überführt wird:

$$z^{(i+1)} = \boldsymbol{F} \cdot z^{(i)}; \tag{3a}$$

$$\boldsymbol{F} = \begin{pmatrix} 0 \; 0 \; 0 \ldots 0 & a_0 \\ 1 \; 0 \; 0 \ldots 0 & a_1 \\ 0 \; 1 \; 0 \ldots 0 & a_2 \\ \vdots & \\ 0 \; 0 \; 0 \ldots 1 & a_{n-1} \end{pmatrix}. \tag{3b}$$

Der Zustand $z^{(i)}$ wird als Spaltenvektor dargestellt:

$$z^{(i)} = \begin{pmatrix} z_1 \\ z_2 \\ \vdots \\ z_n \end{pmatrix}. \tag{3c}$$

Für das rückgekoppelte Schieberegister nach Abb. 19 ergibt sich $a_0 = a_1 = a_2 = a_3 = a_5 = a_6 = 0$ und $a_4 = a_7 = 1$. Mit der Verallgemeinerung von Gl. (3a) für j Verschiebungen

$$z^{(i+j)} = \boldsymbol{F}^j \cdot z^{(i)} \tag{4}$$

wird dann für die 8 Verschiebungen im rückgekoppelten

Schieberegister

$$z^{(i+8)} = \begin{pmatrix} 0&0&0&0&0&0&0&0 \\ 1&0&0&0&0&0&0&0 \\ 0&1&0&0&0&0&0&0 \\ 0&0&1&0&0&0&0&0 \\ 0&0&0&1&0&0&0&1 \\ 0&0&0&0&1&0&0&0 \\ 0&0&0&0&0&1&0&0 \\ 0&0&0&0&0&0&1&1 \end{pmatrix}^8 \cdot z^{(i)} = \begin{pmatrix} 0&0&0&0&0&0&0&0 \\ 0&0&0&0&0&0&0&0 \\ 0&0&0&0&0&0&0&0 \\ 0&0&0&0&0&0&0&0 \\ 1&1&1&1&0&1&0&1 \\ 0&1&1&1&1&0&1&0 \\ 0&0&1&1&1&1&0&1 \\ 1&1&1&0&1&0&1&1 \end{pmatrix} z^{(i)}. \tag{5}$$

Bei den Rechnungen nach Gl. (3), (4) und (5) ist die Addition modulo 2 durchzuführen, d. h. $1 + 0 = 1$, $1 + 1 = 0 \bmod 2$, $1 + 1 + 1 = 1 \bmod 2$. Setzt man gemäß Abb. 19 für z_1 bis z_4 den Deskriptor Y und für z_5 bis z_8 den Deskriptor X ein, ergibt sich mit Gl. (5) sofort die Tabelle 9.

Die Transformationsvorschrift Gl. (4) ist für Digitalrechner sehr gut geeignet. Die Matrix $\boldsymbol{F}^j$ wird vor der Messung berechnet und im Speicher abgelegt. Die zeilenweise Multiplikation der Matrix mit dem Spaltenvektor kann in einfacher Weise über den bei allen Kleinrechnern vorhandenen Grundbefehl des bit-weisen logischen UND eines Speicherworts mit dem Akkumulatorinhalt erfolgen. Im Ergebnis werden die mit 1 besetzten Stellen gezählt; das entsprechende Element des transformierten Vektors $z^{(i+j)}$ wird bei einer geraden Summe 0 und sonst 1 gesetzt. Diese Rechenoperation kann erhebliche Rechenzeit erfordern. Für die modulo 2-Addition reicht jedoch ein Rechnerbefehl aus, wenn die Instruktionsliste den „Paritätstest des Akkumulatorinhalts" enthält. Dieser Befehl ist allerdings nicht bei allen Kleinrechnern realisiert.

Zeitlich veränderliche Häufigkeitsverteilungen. Oft müssen die zeitlichen Änderungen einer Häufigkeitsverteilung gemessen werden, z. B. in der Atom- und Kernspektroskopie nach ein- oder mehrmaliger Anregung oder in der

Nuklearmedizin zur Bestimmung der Ausbreitung injizierter radioaktiver Verbindungen. Zu diesem Zweck wird der gesamte Speicherplatz in mehrere Teile zerlegt, die nacheinander ein- und ausgeschaltet werden. Stellt

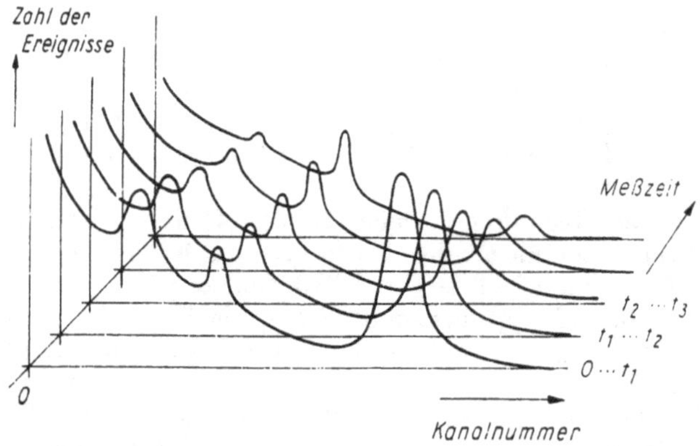

Abb. 21. Zeitabhängige Häufigkeitsverteilung mit unterschiedlich schnell abklingenden Komponenten

man die zu verschiedenen Zeitintervallen gehörenden Spektren zusammenhängend z. B. perspektivisch in der Art der Abb. 21 dar, erhält man einen schnellen Überblick über die Zeitabhängigkeit einzelner Komponenten der Verteilung.

Multiscaling. Bei dieser Meßmethode wird die Zeitabhängigkeit der Impulszahl eines Meßwertgebers, z. B. eines Strahlungsdetektors, registriert. Im Prinzip wird der Meßwertgeber für jedes Zeitintervall Δt mit einem separaten Zähler verbunden. Allerdings verwendet man beim Multiscaling keine Zählgeräte, sondern die Speicherzellen eines Ferritkernspeichers. Über einen Taktgeber wird während des Meßzeitintervalls Δt_i die Speicherzelle i aktiviert; ihr Inhalt wird von jedem der eintreffenden Impulse inkrementiert, so daß sie als Zähler arbeitet

(Abb. 22). Ist bei hoher Impulsfolgefrequenz die Speicherzykluszeit von größenordnungsmäßig 1 μs bei Ferritkernspeichern zu lang, wird zwischen Meßwertgeber und Speicher eine elektronische Zählschaltung als Untersetzer verwendet.

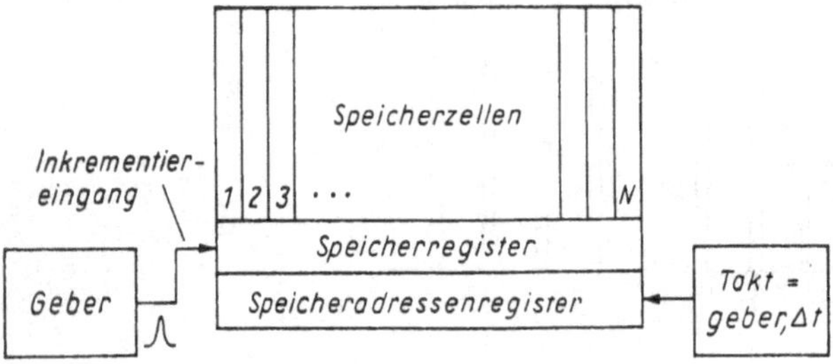

Abb. 22. Zum Multiscaling

4.2.2. *Analogsignale*

Kontinuierliche Signale kann man im Digitalrechner im Gegensatz zum Analogrechner nicht unmittelbar verarbeiten. Deshalb werden die Analoggrößen vorwiegend durch periodische Impulse abgetastet. Die Probenwerte werden mit einem Analog-Digital-Wandler digitalisiert und können dann im Speicher des Digitalrechners oder in einem separaten Ferritkern- oder Halbleiterspeicher abgelegt werden. Die Zeit zwischen zwei Abtastungen muß einerseits größer als die Zeit für Analog-Digital-Wandlung und Einspeicherung und andererseits genügend klein sein, um den Änderungen der Analoggrößen ausreichend schnell folgen zu können. Eine wichtige Aussage hierzu folgt aus dem Abtasttheorem [6, 7, 12, 45].

Abtasttheorem. Ausgangspunkt ist ein frequenzbandbegrenztes Signal $f(t)$ mit dem Frequenzspektrum $F(\omega)$ und der Grenzfrequenz ω_{gr}. Es wird durch eine periodische Impulsfolge $s(t)$, z. B. durch schmale Rechteckimpulse

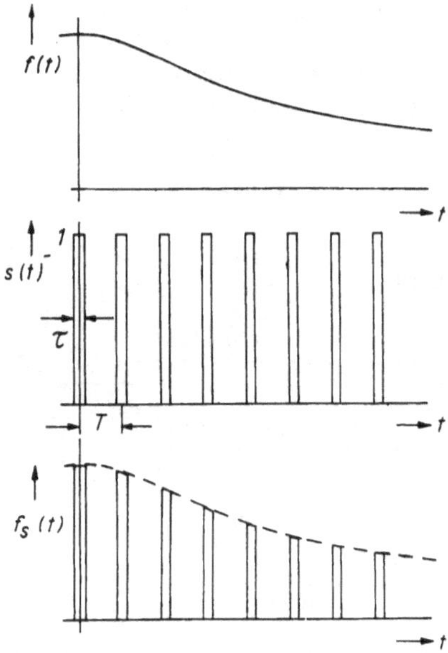

Abb. 23. Abtastung einer Analoggröße $f(t)$ durch periodische Abtastimpulse $s(t)$

der Breite τ, abgetastet (Abb. 23). Das Abtasttheorem beantwortet die Frage, unter welchen Bedingungen sich aus der abgetasteten Folge

$$f_s(t) = f(t) \cdot s(t) \tag{6}$$

die Zeitfunktion $f(t)$ ohne Informationsverlust rekonstruieren läßt. Zerlegt man $s(t)$ in eine FOURIER-Reihe, so wird

$$\left.\begin{aligned} s(t) &= \frac{\tau}{T}\left(1 + \sum_{n=1}^{\infty} 2A_n \cos\frac{n\,2\pi t}{T}\right), \\ A_n &= \frac{\sin\dfrac{n\pi\tau}{T}}{\dfrac{n\pi\tau}{T}}. \end{aligned}\right\} \tag{7}$$

Das Frequenzspektrum ergibt sich durch FOURIER-Transformation gemäß

$$F(\omega) = \int_{-\infty}^{+\infty} f(t)\, e^{-j\omega t}\, dt \tag{8}$$

und den Gleichungen (6) und (7) über

$$F_s(\omega) = \int_{-\infty}^{+\infty} f(t) \cdot \frac{\tau}{T} \left(1 + \sum 2A_n \cos \frac{n\, 2\pi t}{T}\right) e^{-j\omega t}\, dt$$

und

$$\cos \frac{n\, 2\pi t}{T} = \frac{1}{2} \left(e^{j\frac{2n\pi t}{T}} + e^{-j\frac{2n\pi t}{T}}\right)$$

sofort zu

$$F_s(\omega) = \frac{\tau}{T} F(\omega) + \frac{\tau}{T} \sum_1^{\infty} A_n \left[F\left(\omega - \frac{2n\pi}{T}\right) + F\left(\omega + \frac{2n\pi}{T}\right)\right]. \tag{9}$$

Aus der graphischen Darstellung Abb. 24 erkennt man die periodische Wiederholung des Frequenzbands nach jeweils $2\pi/T$. Die Rekonstruktion der Zeitfunktion $f(t)$ aus dem Frequenzspektrum der abgetasteten Werte setzt damit voraus, daß sich die einzelnen Frequenzbänder nicht mit dem Frequenzband $\frac{\tau}{T} F(\omega)$ überlappen, mit anderen Worten, es muß gelten

$$\omega_{gr} = 2\pi f_{gr} < \frac{2\pi}{T} - 2\pi f_{gr}$$

oder

$$T < \frac{1}{2f_{gr}}. \tag{10}$$

Aus dieser sehr wichtigen Beziehung folgt der Zusammenhang des Abstands T der Abtastimpulse mit der oberen Grenzfrequenz der Zeitfunktion.

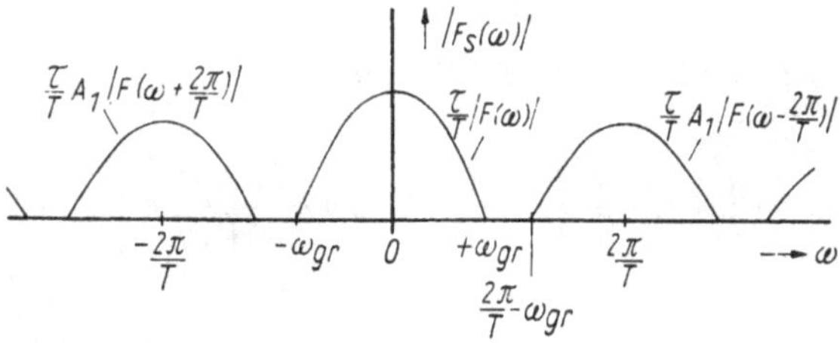

Abb. 24. Frequenzspektrum der Zeitfunktion $f_S(t)$, schematisch

Bei der Herleitung dieser Beziehung kann man auch vom Frequenzspektrum $F(\omega)$ in den Grenzen $\pm\omega_{gr}$ ausgehen und mit der FOURIER-Transformation schreiben:

$$f(t) = \frac{1}{2\pi} \int_{-\omega_{gr}}^{+\omega_{gr}} F(\omega)\, e^{j\omega t}\, d\omega . \tag{11}$$

Da der Bereich außerhalb $\pm\omega_{gr}$ nicht zur Berechnung von $f(t)$ herangezogen wird, kann man $F(\omega)$ außerhalb $\pm\omega_{gr}$ periodisch fortsetzen (entsprechend Abb. 24, aber mit gleichgroßen Teilspektren) und diese periodische Darstellung zur Ableitung einer FOURIER-Reihe für $F(\omega)$ benutzen. Mit den Koeffizienten F_n der FOURIER-Reihe wird [12]:

$$F(\omega) = \sum_{-\infty}^{+\infty} F_n \cdot e^{-jn\pi\omega/\omega_{gr}}$$

$$= \frac{\pi}{\omega_{gr}} \sum_{-\infty}^{+\infty} f(n\pi/\omega_{gr})\, e^{-jn\pi\omega/\omega_{gr}} . \tag{12}$$

Einsetzen in Gl. (11) liefert nach Integration

$$f(t) = \sum_{n=-\infty}^{+\infty} f(nT) \cdot \frac{\sin \omega_{gr}(t - nT)}{\omega_{gr}(t - nT)} \tag{13}$$

mit $T = \pi/\omega_{gr} = 1/2f_{gr}$.

Die Zeitfunktion $f(t)$ eines Signals mit bandbegrenztem Spektrum und der oberen Grenzfrequenz ω_{gr} wird also durch die gemessenen Abtastwerte $f(nT)$ vollständig bestimmt.

Die exakte Gültigkeit der Gl.(13) wird in der Praxis aus verschiedenen Gründen eingeschränkt:

- die abgetasteten Funktionswerte werden digitalisiert, so daß die Rekonstruktion im allgemeinen nicht exakt sein kann (Quantisierungsfehler);
- die Betrachtungen gelten für den eingeschwungenen Zustand mit unendlich vielen Proben im Zeitbereich $t = -\infty$ bis $t = +\infty$;
- die Filtercharakteristik zur Bandbegrenzung ist nicht ideal.

Durch eine hohe Abtastfrequenz lassen sich gemäß Gl. (10) insbesondere die Effekte auf Grund der nichtidealen Bandbreitenbegrenzung reduzieren, doch steigt hierbei der technische Aufwand sehr stark an, insbesondere wenn mehrere Analoggrößen in dieser Weise zu digitalisieren und zu speichern sind. In der Prozeßsteuer- und -regelungstechnik sind Abtastraten für Analoggrößen bis zu einigen 1000 je Sekunde gebräuchlich. Die Analyse schnell veränderlicher Signale erfordert jedoch bedeutend höhere Abtastfrequenzen.

Speicherung abgetasteter, kontinuierlich veränderlicher Analoggrößen. Für die unmittelbare Speicherung der Zeitabhängigkeit von Analoggrößen sind folgende Methoden gebräuchlich:

- Registrierung auf Papierstreifen (z. B. Bandschreiber) oder auf Film;
- Aufzeichnung auf Analogmagnetband.

Die erstgenannten Methoden eignen sich vor allem für die visuelle Einschätzung (qualitative Beurteilung der gemessenen Funktion); die quantitative Auswertung bedient sich vorzugsweise graphischer Verfahren, beispielsweise zur Bestimmung der Lage von Peaks oder ihrer Flächen in einem Spektrum oder zur Ausmessung von Kurvenparametern in einem Elektrokardiogramm. Die weitere numerische Behandlung geht von solchen Meßdaten aus und erfolgt off-line. Die Auswertung der Informationen auf Analogmagnetband benutzt, wenn ein Digitalrechner herangezogen wird, Analog-Digital-Wandler zur Digitalisierung der Meßgrößen.

Die Umwandlung von Analogdaten in eine digitale Form ist Voraussetzung, um Analogsignale im Digitalrechner speichern und on-line verarbeiten zu können. In Abhängigkeit von der Anzahl der Meßwertgeber mit Analogausgang, von der Entfernung zwischen den Meßstellen und dem Digitalrechner, von der erforderlichen Abtastrate der Analoggrößen und nicht zuletzt auch von den verfügbaren Geräten gibt es zahlreiche Varianten von Meßanordnungen; einige sind in Abb. 25 angedeutet.

Das Analogsignal einer einzigen Meßstelle kann man nach Abb. 25a nach geeigneter Verstärkung und eventueller Filterung (Störsignale, Bandbreitenbegrenzung entsprechend den Forderungen des Abtasttheorems) einem Abtast- und Halte-Verstärker (Sample-and-Hold-Verstärker, Analogwertspeicher) zuführen. Dieser Halteverstärker entnimmt der Analoggröße eine kurze Probe und speichert deren Höhe. Die konstante Ausgangsspannung des Halte-Verstärkers wird mit einem Analog-Digital-Wandler (AD-Wandler) digitalisiert und als Parallelwort in den Speicher eingetragen, u. U. auch unter Zwischenschaltung eines Pufferspeichers. AD-Wandlung und Speicherung werden vom Konvertierungsbefehl und

Abb. 25. Abtastung von Analoggrößen für 1 Meßstelle (a) und für mehrere Meßstellen (b, c, d); V Verstärker, Filter, HV Abtast- und Halteverstärker, ADC Analog-Digital-Wandler, AMX, DMX Analog-, Digitalmultiplexer

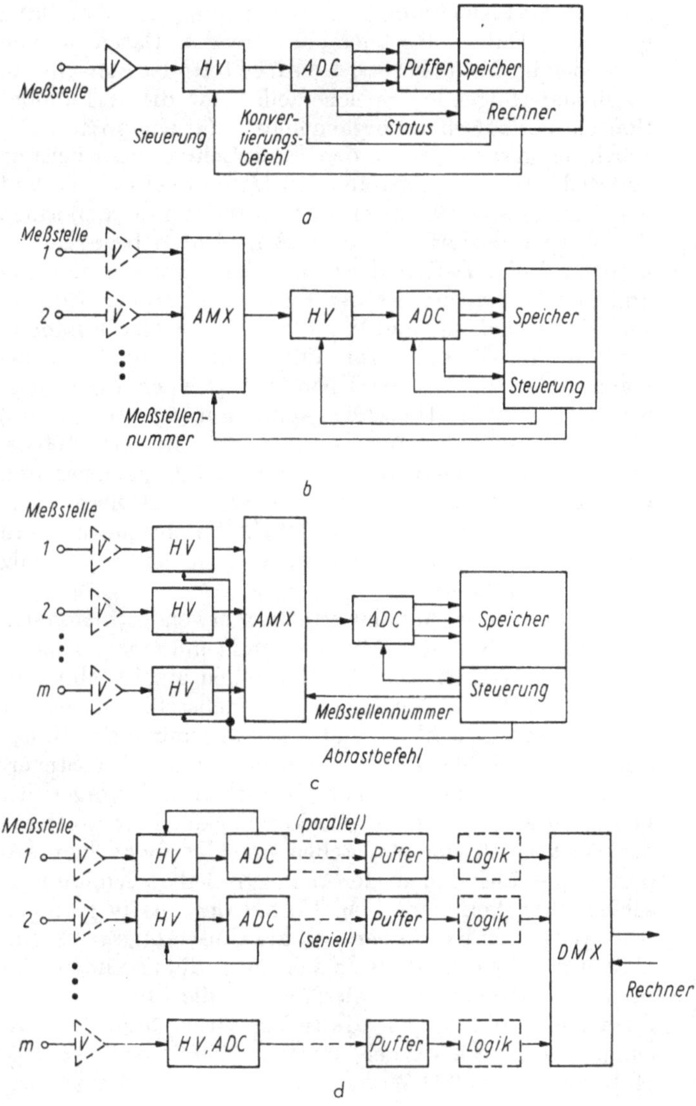
Meßstelle
V
HV
ADC
Puffer
Speicher
Rechner
Steuerung
Konver-
tierungs-
befehl
Status
a
Meßstelle
1
2
V
AMX
HV
ADC
Speicher
Steuerung
Meßstellen-
nummer
b
Meßstelle
1
2
m
V
HV
AMX
ADC
Speicher
Steuerung
Meßstellennummer
Abtastbefehl
c
Meßstelle
1
2
m
V
HV
ADC
(parallel)
Puffer
Logik
(seriell)
HV, ADC
DMX
Rechner
d

von der Statusmeldung über Beendigung der Wandlung gesteuert. Die im Rechner eintreffenden Daten können entweder im Echtzeitbetrieb bearbeitet oder zunächst in aufeinanderfolgenden Speicherzellen für die Akkumulation bei periodischen Vorgängen bzw. für eine spätere Bearbeitung gespeichert werden. Eine Echtzeitverarbeitung zur Reduktion der eintreffenden Daten über den Verlauf der Analoggröße ist das einzige Mittel, um dem enormen Speicherplatzbedarf bei hohen Abtastraten begegnen zu können. Bei AD-Wandlern zur Momentanwertmessung und zur Digitalisierung der Impulshöhen nach Abb. 12 sind Halteschaltung und Wandler in einem Gerät vereint; moderne AD-Wandler für Impulshöhen benötigen bei Kanalzahlen bis zu 8000 Kanälen je nach Funktionsprinzip (Sägezahn-Umsetzer, sukzessive Approximation) Konversionszeiten von weniger als 50 bis 100 µs. Integrierende AD-Wandler brauchen Integrationszeiten von 20 ms (oder Vielfachen davon), damit man unerwünschte Einstreuungen von 50 Hz Netzfrequenz durch Integration über die volle Periode möglichst vollständig unterdrücken kann.

Werden mehrere Analogwertgeber verwendet, bieten sich zunächst die Varianten Abb. 25b und c mit einem gemeinsamen AD-Wandler für alle Meßstellen an. In Abb. 25b werden die Meßstellen über einen Meßstellenumschalter für Analogsignale (Analog-Multiplexer) mit einer Halteschaltung und dem AD-Wandler verbunden. Die Steuereinheit schaltet die einzelnen Meßstellen nach vorgegebenem Programm durch, meist zyklisch, jedoch entsprechend der Wichtigkeit der Meßstellen und der möglichen Änderungsgeschwindigkeit der Analoggrößen auch mit unterschiedlichen Perioden. Dem Vorteil des relativ geringen Aufwands steht gegenüber, daß die Umsetzungsgeschwindigkeit des AD-Wandlers entscheidend die maximale Abtastrate bestimmt. In Abb. 25c legt die Steuerung den Abtastzeitpunkt für alle Halte-Verstärker fest; die Ausgänge dieser Verstärker werden über einen Analog-Multiplexer zum AD-Wandler übertragen. Vorteilhaft ist, daß die Analogwerte vieler Meßstellen zum gleichen, genau fixierten Zeitpunkt erfaßt werden. Das ist beispielsweise für Untersuchungen in Prüffeldern oder bei der Potentialmessung an biologischen Objekten von Bedeutung.

Schließlich zeigt Abb. 25d eine Variante mit mehreren Signalkanälen; die Digitaldaten an den Ausgängen der einzelnen AD-Wandler gelangen über einen Digital-Multiplexer zum Rechner. Diese Anordnung erscheint sehr aufwendig, zeichnet sich aber durch eine Reihe wesentlicher Vorzüge gegenüber den anderen Varianten aus:

— große Selbständigkeit der einzelnen Kanäle und gute Anpassungsfähigkeit an Meßwertgeber und Meßaufgabe;
— es lassen sich langsame, wenig störungsempfindliche integrierende Analog-Digital-Wandler verwenden, ohne die maximale Abtastrate der Meßstellen wie in Abb. 25b und c wesentlich zu reduzieren;
— die Schaltungen zur Analogwertspeicherung und AD-Wandlung können sich am Ort der Meßstelle befinden; bei räumlich weit ausgedehnten Systemen, z. B. industrielle Meß-, Steuer- und Regelungseinrichtungen, bringt die Digitaldatenübertragung durch die mögliche Verwendung von Opto-Kopplern zur galvanischen Trennung oder von Prüfbits zur Fehlererkennung eine höhere Übertragungssicherheit als bei der Analogwertübertragung;
— vor der Übernahme in den Digital-Multiplexer lassen sich die Analogdaten des betreffenden Meßtrakts auf die Einhaltung logischer Bedingungen überprüfen; in vielen Fällen kann man sogar auf die Übertragung zum Rechner verzichten, wenn die Daten „in Ordnung“ sind.

Bei der praktischen Realisierung von Meßsystemen für Analoggrößen wird man die einzelnen Varianten der Abb. 25 geeignet kombinieren, um bei kleinstem Gesamtaufwand die gestellten Forderungen optimal zu erfüllen. Bei der Konzeption ist das Angebot der Industrie für die MSR-Technik vor allem hinsichtlich Multiplexer und AD-Wandler und ihrer Kopplungsmöglichkeiten mit einem Digitalrechner eingehend zu prüfen. Die Variante nach Abb. 25d wird in Zukunft eine größere Bedeutung erlangen, weil in zunehmendem Maße preisgünstige integrierte Halteverstärker und AD-Wandler auf den Markt kommen.

Analoggrößen können durch überlagerte Stör- und Rauschsignale erheblich verfälscht werden. Rauschsignale

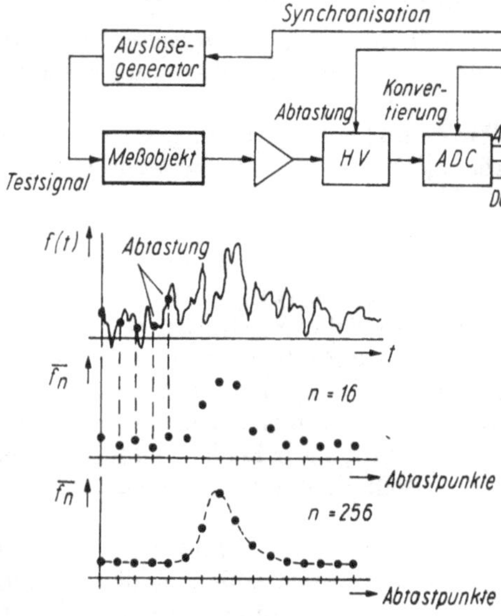

Abb. 26. Prinzip der Speicherung mit Mittelwertbildung (Averaging), schematische Darstellung eines verrauschten Meßsignals und der Mittelung nach mehreren Durchläufen

können bereits im Ausgangssignal des Meßwertgebers einen beträchtlichen Einfluß haben und das Nutzsignal völlig überdecken, z. B. bei Spannungsmessungen im µV-Bereich. Die Eingangsstufen der Verstärker fügen weitere Rauschanteile hinzu. Durch Beschränkung des übertragenen Frequenzbands auf den für das Nutzsignal erforderlichen Wert, vor allem aber durch Meßverfahren mit Mittelwertbildung und mit Berechnung der Korrelationsfunktion, läßt sich das Signal-Rausch-Verhältnis erheblich verbessern.

Speicherung mit Mittelwertbildung (Averaging). Das Prinzip der Meßtechnik mit Mittelwertbildung ist aus Abb. 26 ersichtlich. Die sich wiederholenden verrauschten Signale werden abgetastet, wobei eine Synchronisation zwischen Nutzsignal und Abtastfolge erforderlich ist. Die Lage der Abtastpunkte muß in den einzelnen Durchläufen konstant bleiben. Bei der Addition aller Abtastpunkte gleicher Nummer addiert sich das Nutzsignal linear, während sich der Einfluß des Rauschens teilweise herausmittelt, sofern keine Korrelation zwischen Nutz- und Rauschsignal besteht. Man kann leicht nachweisen, siehe z. B. [46], daß bei normal verteiltem Rauschen n Abtastungen zu einer Verbesserung des Signal-Rausch-Verhältnisses, bezogen auf den Mittelwert des Nutzsignals, um den Faktor $\sqrt{n}$ führen. Bei 100 Wiederholungen wächst das Nutzsignal gegenüber dem Rauschen um den Faktor 10 heraus.

Für das gemessene Signal $f(t)$ ergibt sich im Abtastpunkt i nach n Durchläufen

$$f_{n,i} = f_{n-1,i} + x_{n,i} \tag{14}$$

mit $x_{n,i}$ als neu hinzugekommenen Wert. Bei der Ausgabe des Resultats, z. B. auf einem Sichtschirm, kann man den Speicherinhalt durch n dividieren und erhält eine auf gleiche Größe normierte Darstellung — das Herauswachsen des Nutzsignals mit steigender Abtastwiederholung n läßt sich unmittelbar visuell beobachten.

Mit den Mittelwerten $\overline{f_{n,i}}, \overline{f_{n-1,i}}$ nach n bzw. $(n - 1)$ Abtastungen für den Punkt i kann man Gl. (14) in der Form schreiben

$$n \cdot \overline{f_{n,i}} = (n - 1) \cdot \overline{f_{n-1,i}} + x_{n,i}$$

und nach Division durch n:

$$\overline{f_{n,i}} = \overline{f_{n-1,i}} + \frac{x_{n,i} - \overline{f_{n-1,i}}}{n}. \tag{15}$$

Jeder einzelne Meßwert $x_{n,i}$ trägt also mit steigendem n immer weniger zum neuen Wert $\overline{f_{n,i}}$ bei. Wird mit einem Operationsverstärker die Differenz $(x_{n,i} - \overline{f_{n-1,i}})$ gebildet und die Division durch n beispielsweise über die Vergleichsspannung bei der Analog-Digital-Wandlung ausgeführt,

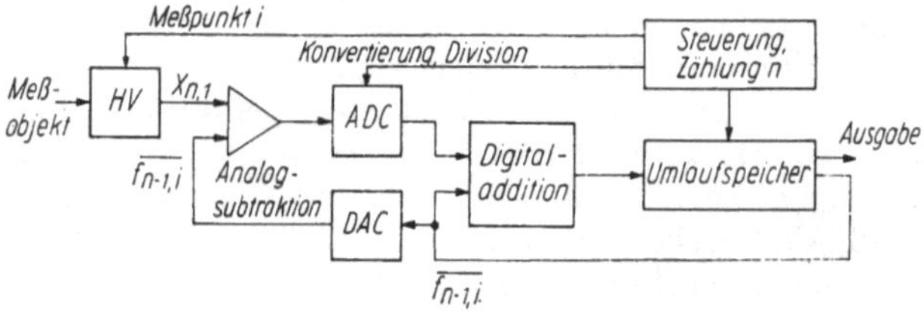

Abb. 27. Mittelwertbildner nach Gl. (15), DAC Digital-Analog-Wandler

kann man die Mittelwertbildung ohne Rechner realisieren; in Abb. 27 ist das Prinzipschaltbild eines derartigen Mittelwertbildners dargestellt [13]. Die Mittelwerte sind in einem Umlaufspeicher gespeichert, dessen Anzahl von Speicherzellen mit der Zahl der Abtastpunkte übereinstimmt. Die Summierstufe leistet die Addition in Gl. (15).

Die wichtige Voraussetzung der Synchronisation zwischen Signal und Abtastung kann man erfüllen, wenn das Meßgerät den Beginn einer neuen Periode selbst ankündigt, z. B. beim Überstreichen des Meßbereichs durch ein periodisch sägezahnförmig veränderliches Magnetfeld in der Hochfrequenz- und Massenspektroskopie, oder wenn vom Mittelwertbildner über einen Auslösegenerator eine definierte Reizung z. B. eines biologischen Objekts für die objektive Ermittlung von Sinneswahrnehmungen durchgeführt wird. Fehlt diese Synchronisationsmöglichkeit oder treten nur einmalige Ereignisse auf, muß man zur Verbesserung des Signal-Rausch-Verhältnisses auf Korrelationsmethoden zurückgreifen, s. Abschn. 4.3.

4.2.3. *Digitalspeicherung bildlicher Strukturen*

Die Übertragung, Speicherung und Verarbeitung bildlicher Informationen mit den Mitteln der Digitaltechnik hat in den vergangenen Jahren einen bedeutenden Aufschwung zu verzeichnen [14, 15, 16]. Dies ist u. a. auf die gestiegene Leistungsfähigkeit der Digitalrechner und auf die Vorteile digital arbeitender Übertragungssysteme (Pulskodemodulation) zurückzuführen. Vor der Bearbeitung bildlicher Informationen muß das Analogbild digitalisiert werden, beispielsweise durch eine zeilenweise Umwandlung des Schwärzungsgrades in eine Analoggröße mit anschließender Abtastung und Analog-Digital-Wandlung der Proben. Das digitalisierte Bild wird gespeichert und kann dann je nach Aufgabenstellung bearbeitet werden. Als Anwendungsgebiete seien genannt die automatische Zeichenerkennung, die Isolierung und Klassifizierung biologischer Objekte, die Auswertung medizinischer Röntgen-Reihenaufnahmen, die Bildentzerrung, die Störunterdrückung, die Rekonstruktion von Teilchenspuren und die Reduktion der zur Bildübertragung erforderlichen Daten. Die direkte Speicherung eines Analogbildes mit z. B. 1000×1000 Bildpunkten und 8 bit für die Kodierung der Schwärzung jedes einzelnen Punktes ist in einem Ferritkernspeicher eines Kleinrechners nicht mehr möglich. Dies ist der Situation bei der Speicherung zweidimensionaler Häufigkeitsverteilungen in der Art der Abb. 14b sehr ähnlich. Als Speichermedium kommen daher im wesentlichen Magnetband und Magnetplatte in Frage. Die digitalisierten Bildpunkte z. B. einer Bildzeile können im Speicher als Datenblock abgelegt sein. Abb. 28 gibt stark vereinfacht die einzelnen Etappen der Bildverarbeitung wieder.

Digitalisierung mit optischen Verfahren. Bei der Lichtpunktabtastung überstreicht ein Lichtpunkt vorwiegend zeilenweise das Bild. Das reflektierte oder durchgehende Licht wird in Abhängigkeit von der Schwärzung moduliert. Der Lichtstrahl wird z. B. mit Hilfe eines Sekundärelektronen-Vervielfachers in einen kontinuierlichen Strom

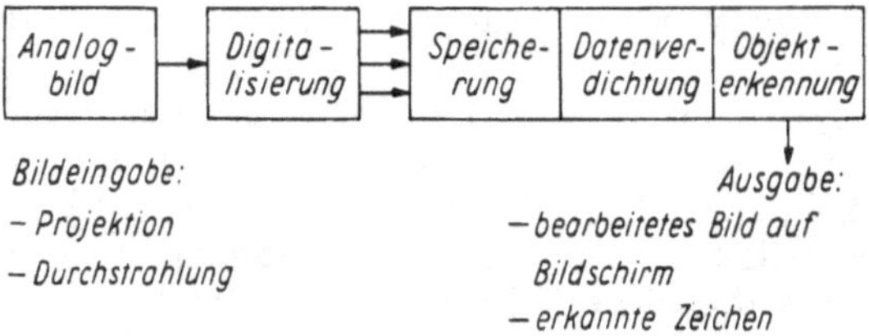

Abb. 28. Verarbeitung bildlicher Darstellungen

umgewandelt, der mit periodischen Impulsen abgetastet und anschließend digitalisiert wird. Die Ortskoordinaten der Bildpunkte ergeben sich aus der Zeilennummer und aus der Nummer der Abtastimpulse innerhalb einer Zeile und brauchen daher im allgemeinen (bis auf die Zeilennummer) nicht gespeichert werden. Der abtastende Lichtpunkt wird meist mit einer speziellen Elektronenstrahlröhre erzeugt, elektronisch abgelenkt und auf das Bild gerichtet. Bei der Projektionsabtastung wird das Bild auf eine rasterförmige Anordnung photoempfindlicher Wandler projiziert. Am verbreitetsten sind Fernseh-Aufnahmeröhren. Die Bildauflösung beträgt bei den genannten Verfahren bis zu etwa 4000×4000 Bildpunkten; das entspricht einem Fernsehbild mit etwa 10^6 bis 10^7 Bildpunkten.

In Laboratorien der Hochenergie- und Elementarteilchenphysik werden optische Verfahren zur Digitalisierung der komplizierten Spurbilder von Blasenkammern eingesetzt. Die Abtastung erfolgt mitunter spiralförmig von einem interessierenden Ereignis aus. Bei den apparativ und programmtechnisch außerordentlich anspruchsvollen Meßapparaturen kommt es auf die Erfassung der Spurdaten und auf die Abtrennung störender und physikalisch bedeutungsloser Spuren an, um die Bahnparameter einschließlich Masse und Impuls der beteiligten Partikel berechnen zu können.

Digitalisierung auf elektrischem Wege. Meßwertgeber mit einem Ausgangssignal, das die Ortskoordinate von Bildpunkten oder ausgesuchten Ereignissen in elektrischer Form enthält, sind für die Digitalspeicherung gut geeignet. Sehr große Bedeutung haben in der physikalischen Grundlagenforschung, speziell in der Hochenergie- und Elementarteilchenphysik, Funken- und Proportionalkammern gefunden; sie werden in zunehmendem Maße als

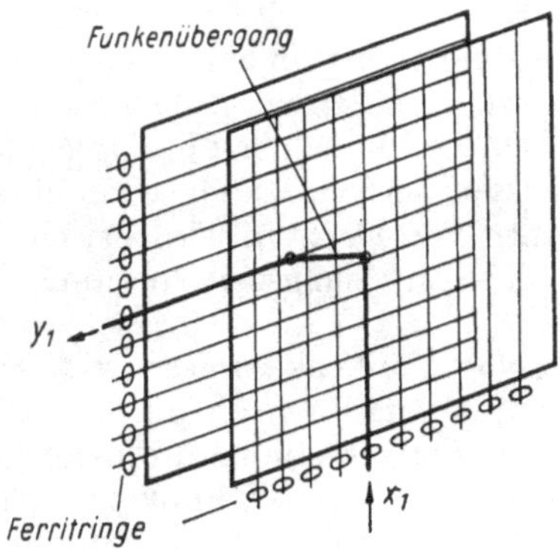

Abb. 29. Schema einer Drahtfunkenkammer mit Ferritkernauslesung, Stromfluß durch die Drähte x_1, y_1

Drahtkammern hergestellt, bei denen die ebenen Elektroden aus vielen parallel gespannten dünnen Drähten bestehen. Wie Abb. 29 schematisch darstellt, fließt in einer solchen Drahtfunkenkammer nur in den Drähten am Ort des Funkendurchschlags ein Strom. Die Nummer dieser Drähte gibt damit den Ort des Teilchendurchgangs an.

Die Detektorsysteme der Hochenergiephysik enthalten mehrere Funkenkammern, so daß sich aus den Ortskoordinaten der einzelnen Kammern im Rechner der Bahnverlauf rekonstruieren läßt. Für die Ermittlung der betreffenden Drahtnummer verwendet man je Draht einen Ferritring, der beim Stromdurchgang ummagnetisiert wird; die Abfrage der Ferritkerne erfolgt wie in einem Ferritkernspeicher. Bei der magnetostriktiven Auslesung wird die Zeitdifferenz ausgewertet, mit der die Verformung, hervorgerufen durch den Stromdurchgang eines oder mehrerer Drähte, an den Enden der magnetostriktiven Leitung erscheint. Bei Drahtfunkenkammern beträgt mit Drahtabständen in der Größenordnung von 1 mm und mit Mittelwertbildung zwischen benachbarten Drähten die erreichbare Ortsauflösung etwa $\pm 0{,}3$ mm.

In Proportionalkammern reicht der Strom im Einzeldraht zum Schalten eines Ferritrings nicht aus. Jedem Draht muß für die nur etwa 1 bis 10 mV großen Signale ein Verstärker mit Impulsformer und einer Flipflop-Stufe zur Speicherung angeschlossen werden. Durch gestaffeltes Abfragen einzelner Gruppen von Drähten wird bei einer Ebene mit 4096 Drähten eine Auflösungszeit von weniger als 50 μs erreicht [47].

Die filmlose Auslesung von Funkenkammern ist auch mit Hilfe von Fernsehaufnahmeröhren möglich, doch bereiten hierbei großflächige Funkenkammern erhebliche Schwierigkeiten. Die Messung des Orts des Funkendurchschlags aus der Differenz der Schall-Laufzeit zu mindestens 2 Mikrophonen liefert eine gute Auflösung; Probleme entstehen vor allem bei der gleichzeitigen Auslösung mehrerer Funkendurchschläge in der einzelnen Kammer und durch gegenseitiges akustisches Übersprechen verschiedener Kammern.

In der Nuklearmedizin werden oftmals Szintigramme angefertigt, die Auskunft über die Verteilung einer radioaktiven Substanz im Körper geben und eine zweidimensionale Intensitätsverteilung ähnlich zu Abb. 14b darstellen. Die Speicherung der einzelnen Punkte erfolgt in einem Ferritkernspeicher, so daß keine zusätzliche Digitalisierung des Bildes erforderlich ist.

Eingabe von Diagrammen, Strichzeichnungen u. ä. Neben den erwähnten Digitalisierungsverfahren spielt die Digitalisierung von Bildkonturen, z. B. Umrisse mikroskopischer Strukturen, oder von Diagrammen, die beispielsweise auf dem Registrierstreifen eines Analogschreibers abgebildet sind, eine große praktische Rolle. Der einfachste, aber auch mühseligste Weg ist die manuelle Ausmessung der Koordinaten interessierender Punkte und ihre Übertragung auf einen maschinell lesbaren Datenträger wie Lochband.

Relativ große Bedeutung besitzen Meßtische; hierbei wird die Zeichnung fest eingespannt oder ein entsprechendes Bild auf die Auswertefläche projiziert und in x- und y-Richtung so verschoben, daß der interessierende Punkt mit einer eingeblendeten Marke zusammenfällt. Eingebaute Zähler für die x- und y-Richtung zählen die erforderlichen Inkrementalschritte vom Nullpunkt an und geben die Ortskoordinaten in digitaler Form aus. Dieses Verfahren wird u. a. bei der Auswertung von Spuraufnahmen aus Blasenkammern angewendet. Die Daten werden im Rechner gespeichert sowie auf Vollständigkeit und Plausibilität geprüft, s. z. B. [48].

Von vielen anderen Möglichkeiten sei nur das RAND-Tablett erwähnt, dessen Schreibfläche aus je 1024 × 1024 dünnen äquidistanten Drähten in x- und y-Richtung besteht. Die Drähte werden mit einer Impulsfolge gespeist, so daß eine an beliebiger Stelle aufgesetzte Sonde kapazitiv ihre Koordinaten in verschlüsselter Form erhält.

Bei Strichzeichnungen, insbesondere bei rechnergestützten Entwurfs- und Konstruktionsverfahren, reicht gewöhnlich die Digitalisierung der Anfangs- und Endpunkte geradliniger Bildelemente aus; die Interpolation erfolgt über das Rechenprogramm.

Eingabe von Positionsmarkierungen. Sehr oft besteht die Aufgabe, einen bestimmten Punkt oder ein bestimmtes

Zeichen auf dem Schirm einer am Digitalrechner angeschlossenen Bildschirmeinheit zu markieren, entweder zur Ausführung einer Korrektur oder zur Markierung eines durch ein Rechenprogramm abzuarbeitenden Punktes. Bei Bildschirmeinheiten mit konventionellen Katodenstrahlröhren und mit dem Rechnerspeicher als Bildwiederholspeicher läßt sich eine Markierung am einfachsten mit dem Lichtstift realisieren. Der Lichtstift enthält ein photoempfindliches Element und ein Linsensystem und wird auf den interessierenden Punkt gerichtet. Wird dieser Punkt gerade vom Rechner geschrieben, gibt der Lichtstift ein Signal ab, das vom Rechner als Programmunterbrechungsanforderung interpretiert wird und ein Unterprogramm zur Markierung dieses Punkts aufruft (Abb. 30a). Statt des Lichtstifts kann man diese Aufgabe auch über ein Tastenfeld lösen, wie es bei vielen alphanumerischen Bildschirmgeräten möglich ist.

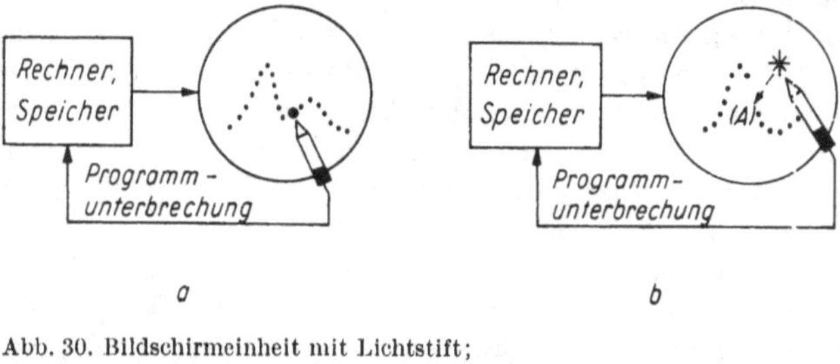

Abb. 30. Bildschirmeinheit mit Lichtstift;
a: Markierung vom Rechner dargestellter Punkte;
b: Verschieben einer vom Rechner erzeugten Marke zur Stelle A und nachfolgende Einspeicherung

Eine anspruchsvolle Positionsmarkierung zeigt Abb. 30b. Der Rechner erzeugt ein Symbol, z. B. einen kleinen Stern. Der Lichtstift wird auf diesen Stern gerichtet. Das Rechnerprogramm organisiert, daß dieser Stern einer langsamen Bewegung des Lichtstifts über den Bildschirm folgen kann. Ist der gewünschte Punkt erreicht, wird das

Programm zum Eintragen dieses Punkts aufgerufen. Hiermit lassen sich also im Gegensatz zu Abb. 30a Punkte markieren, die bisher vom Rechner noch nicht abgebildet wurden. Diese Methode ist sehr bequem, wenn man beispielsweise in einem Spektrum von Hand einige Punkte korrigieren möchte, ist aber beim „Zeichnen" auf dem Bildschirm ermüdend und zeitraubend.

Die Digitalspeicherung bildlicher Strukturen erfordert im allgemeinen einen bedeutenden apparativen und programmtechnischen Aufwand. Die größte Verbreitung, insbesondere in kleinen und mittelgroßen Laboratorien, haben Bildschirmeinheiten mit Lichtstift gefunden, die von einer Reihe von Rechnerherstellern als Peripherie für Kleinrechner lieferbar sind.

4.3. Meßdatenreduktion und -verdichtung

Aufgabe der Meßdatenreduktion und -verdichtung ist es, die große Menge der Daten einer gespeicherten Häufigkeitsverteilung oder einer abgetasteten Analoggröße auf wenige Parameterwerte zu reduzieren, die für die vorliegende Meßaufgabe charakteristisch sind. Das betrifft beispielsweise die Lage und Intensität diskreter Spektrallinien in Spektren nach Abb. 13 oder Abb. 21, die Massenzahlen und ihren Anteil aus Massenspektrogrammen, Art und Betrag der Komponenten in der Analysenmeßtechnik, Resonanzfrequenzen bei Schwingungsuntersuchungen u. a. m. Das gilt auch für die Klassenhäufigkeit von Objekten, für Schwankungsgrößen und für Normierungen. Die reduzierten Daten stellen das gewünschte Meßergebnis dar oder dienen als Ausgangsgrößen für die weitere mathematische Behandlung, die bei hohem Rechenaufwand off-line an geeigneten Rechnern erfolgt.

Eine on-line durchgeführte Datenredukion gibt die Möglichkeit der automatischen Steuerung und Führung der Messung und liefert Informationen an den Bediener; für diese Zwecke werden vor allem die Monitordaten herangezogen. Welche Aufgaben der Datenreduktion und

-auswertung vom on-line gekoppelten Kleinrechner übernommen werden können, hängt wesentlich von Umfang und Menge der Meßdaten, vom Meßsystem selbst und von der Leistungsfähigkeit des Kleinrechners ab und läßt sich nicht nach einem allgemein gültigen Rezept angeben. Typisch sind die Bestimmung von Flächeninhalten und die Ermittlung der Lage von Spektrallinien, Untergrundkorrekturen, Berücksichtigung von Driften, Nichtlinearitäten und veränderliche Meßeffektivität, Normierung, Addition und Subtraktion von Teilergebnissen, Mittelungsverfahren und Glättung von Kurven, Sortieren nach einzelnen Klassen, Berechnung statistischer Kenngrößen, Aufbereitung für eine graphische Darstellung, Umkodierung und Zusammenfassung zu Datenblöcken für die Speicherung auf externen Datenträgern, Kontrolle von Monitorsignalen usw.

Qualitativ höhere Anforderungen an das Programm des on-line Rechners ergeben sich, wenn die reduzierten Daten im Echtzeitbetrieb zur Steuerung des Experiments herangezogen werden, z. B. Stabilisierung durch Nachführung eines bestimmten Maximums der Häufigkeitsverteilung, Einstellung neuer Parameterwerte der Meßapparatur für einen neuen Meßpunkt (Verstärkungsfaktor, Magnetfeldstärke, Winkel, Wellenlänge o. ä.) oder Auswertung von Alarm- und Statusmeldungen. Der folgende Überblick über einige mathematische Methoden bezieht sich auf wichtige Zusammenhänge bei der Datenreduktion und -verdichtung. Auf ihre programmtechnische Umsetzung, die wesentlich von den Eigenschaften des eingesetzten Rechners abhängt, wird nicht näher eingegangen. Auch die apparativ und mathematisch anspruchsvollen Methoden der Reduktion und Verdichtung gespeicherter bildlicher Darstellungen, z. B. zur Zeichen- und Strukturerkennung, werden nicht besprochen, s. z. B. [14, 15, 16].

Zerlegung von Spektren. Die physikalische Größe $f_1(x)$ wird durch „Faltung“ mit der Ansprechfunktion $f_2(x)$

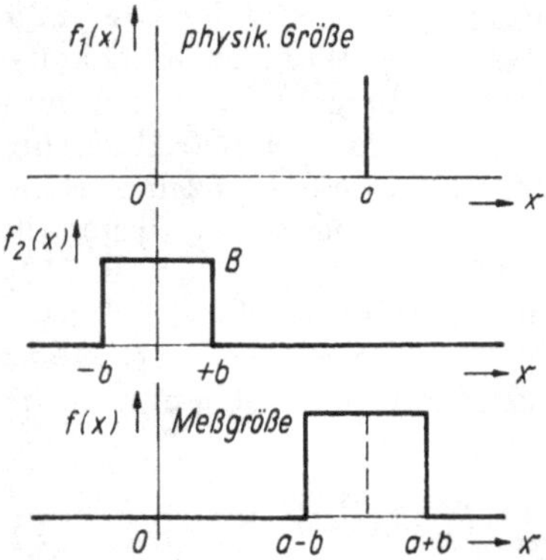

Abb. 31. Zur Faltung der physikalischen Größe mit der Apparatefunktion

der Meßapparatur in die gemessene Größe $f(x)$ überführt:

$$f(x) = \int_{-\infty}^{+\infty} f_1(x') \cdot f_2(x - x') \cdot \mathrm{d}x'$$

$$= \int_{-\infty}^{+\infty} f_1(x - x') \cdot f_2(x') \cdot \mathrm{d}x'. \qquad (16)$$

Am Beispiel der Abb. 31 erkennt man, wie eine schmale Linie $f_1(x) = A \cdot \delta(x - a)$ der physikalischen Größe durch die Messung mit einer rechteckförmigen Apparatefunktion $f_2(x) = B$ für $-b \leqq x \leqq +b$ „verschmiert" wird. Es gilt

$$f(x) = A \cdot B \cdot \int_{-\infty}^{+\infty} \delta(x - a - x') \cdot \mathrm{d}x' = A \cdot B$$

für

$$(x - a - x') = 0,$$

d. h., im Intervall $(-b + a) \leqq x \leqq (b + a)$ gibt die Meßapparatur eine Meßgröße ab. Dieses Beispiel entspricht der Abtastung eines optischen Spektrums mit einer einzigen Linie unter Verwendung eines Spalts der Breite $2b$.

Der zentrale Grenzwertsatz der Wahrscheinlichkeitsrechnung besagt, daß die Verteilungsfunktion der normierten Summe unabhängiger, zufälliger Variablen unabhängig von der Verteilungsfunktion der einzelnen Summanden gegen eine Normalverteilung strebt, wenn die Zahl der Summanden gegen unendlich geht, s. z. B. [49]. Aus diesem Grund können in der Praxis sehr viele Verteilungsfunktionen durch eine GAUSSsche Normalverteilung wiedergegeben oder zumindest mit guter Genauigkeit angenähert werden:

$$p(x) = \frac{1}{\sqrt{2\pi}\,\sigma} \cdot e^{-\frac{1}{2}\left(\frac{x-m}{\sigma}\right)^2} \tag{17}$$

mit der Fläche

$$\int_{-\infty}^{+\infty} p(x) \cdot dx = 1.$$

Normalverteilungen für die physikalische Meßgröße $f_1(x)$ und für die Apparatefunktion $f_2(x)$ liefern für die gemessene Größe mit Gl. (16) nach einiger Zwischenrechnung

$$f(x) = \frac{A \cdot B}{\sqrt{2\pi}\,\sqrt{\sigma_1^2 + \sigma_2^2}}\, e^{-\frac{1}{2}\frac{[x-(m_1-m_2)]^2}{\sigma_1^2+\sigma_2^2}} \tag{18}$$

wiederum eine Normalverteilung mit dem Erwartungswert $m = m_1 - m_2$ und der Dispersion $\sigma' = \sqrt{\sigma_1^2 + \sigma_2^2}$. Der Maximalwert der zu messenden Größe liegt bei m_1 und wird durch die Meßapparatur um einen konstanten Betrag m_2 verschoben. Die gegenseitigen Abstände mehrerer Normalverteilungen bei $m_{1\nu}$ werden durch die Meßapparatur jedoch nicht beeinflußt.

Die Fläche unter der gemessenen Häufigkeitsverteilung Gl. (18) ist gemäß

$$F = \int_{-\infty}^{+\infty} f(x) \cdot dx = A \cdot B \tag{19}$$

das Produkt aus den Flächen unter den Verteilungen $f_1(x)$ und $f_2(x)$. Man kann hierbei

$$\int_{-\infty}^{+\infty} f_2(x) \cdot \mathrm{d}x = B = \varepsilon \tag{20}$$

als die Gesamteffektivität der Apparatur auffassen. Bei bekanntem ε läßt sich aus der Fläche F unter der Meßkurve sofort die Intensität der physikalischen Größe als Flächeninhalt A unter ihrer Verteilungsfunktion ermitteln. Ist lediglich bekannt, daß ε eine Konstante darstellt, geben die Flächeninhalte unter den Maxima der Meßkurve die Intensitätsverhältnisse der physikalischen Größe wieder. Diese Aussagen gelten auch für nicht-normalverteilte Funktionen, wie sich aus Gl. (16) und (19) für realistische Apparatefunktionen $f_2(x)$ sofort nachweisen läßt.

Häufig ist die Effektivität der Apparatur nicht über den gesamten Meßbereich x konstant. Abb. 32 zeigt ein

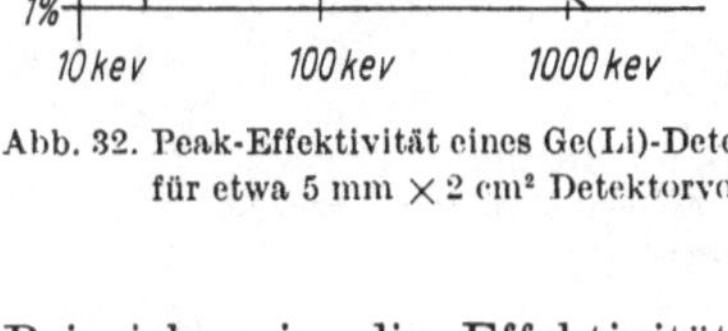

Abb. 32. Peak-Effektivität eines Ge(Li)-Detektors für γ-Strahlung, schematisch, für etwa 5 mm × 2 cm² Detektorvolumen

Beispiel, wie die Effektivität eines Ge(Li)-Halbleiterdetektors für die Registrierung des Totalabsorptionspeaks von γ-Strahlung von der Partikelenergie abhängt. Bei sehr kleinen Energien beschränken die Absorptionsverluste im Detektorfenster den Partikelnachweis, bei hohen Energien nimmt die Wahrscheinlichkeit für den Photoeffekt ab. Strenggenommen führt eine nicht konstante Nachweiseffektivität zu unsymmetrischen Verteilungen, doch ist dies in der Praxis gegenüber anderen Effekten, die zu Unsymmetrien der Apparatefunktion führen, gewöhnlich vernachlässigbar.

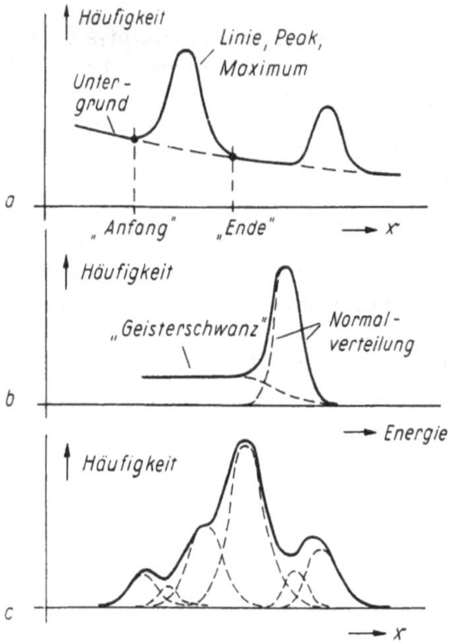

Abb. 33. Spektren;

a: Isolierte Linien auf glattem Untergrund,
b: Linie mit starkem niederenergetischen Anteil, nach [51],
c: Linien mit starker gegenseitiger Überlappung

Bei der praktischen Auswertung von Spektren mit Gaussförmigem Linienprofil bringen die Berücksichtigung und Abtrennung des Untergrunds, die Erkennung von Überlagerungen von zwei oder mehr Linien unterschiedlicher Intensität und auch systematische Abweichungen (z. B. Unsymmetrien) des gemessenen Linienprofils von der als möglichst einfach angenommenen mathematischen Funktion beträchtliche Schwierigkeiten mit sich. Am einfachsten ist es, wenn man wie in Abb. 33a den Untergrund unter einem Peak durch Interpolation des Untergrunds oberhalb und unterhalb des Peaks gewinnen darf. Bei Detektoren für Partikelstrahlung, z. B. α-Teilchen, kann durch Streueffekte ein niederenergetischer „Geisterschwanz" entstehen, der gleichzeitig die niederenergetische Flanke der Linie anhebt und zu einer Unsymmetrie führt (Abb. 33b). Bei mehreren Linien mit gegenseitiger Überlappung kann die Bestimmung des Untergrunds sehr unsicher werden (Abb. 33c). Bei Spektren nach Abb. 13 werden die Maxima gewöhnlich durch eine Normalverteilung mit einem passend gewählten Untergrund $u(x_i)$ angenähert; für eine Einzellinie gilt dann

$$y_i = h \cdot e^{-\left(\frac{x_i - m}{w}\right)^2} + u(x_i). \tag{21}$$

Die Kenngrößen Linienlage (Linienmitte) m, Linienhöhe h und gegebenenfalls Linienbreite w und Parameter des Untergrunds werden so variiert, daß die χ^2-Summe

$$\chi^2 = \sum_i \frac{1}{m_i} (y_i - m_i)^2 \tag{22}$$

mit m_i als Ordinatenwert von x_i zu einem Minimum wird. Bei Kenntnis der Apparatefunktion und deren Abhängigkeit von x ist w gegeben; in solchen Fällen kann man Abweichungen der experimentell gemessenen Breite vom erwarteten Wert als Hinweis auf die Beimischung schwächerer Komponenten ansehen. Die Spektrenzerlegung mit Ermittlung der Linienlage, der Höhe und damit auch der Fläche bzw. der Intensität der betreffenden Komponente einschließlich ihrer Fehler übersteigt bei Spektren mit mehr als 10 bis 20 Linien und mehr als 500 bis 1000 Meßpunkten sehr rasch die Leistungsfähigkeit von Kleinrechnern und muß dann off-line an größeren Rechnern erfolgen. Das gilt insbesondere dann, wenn die Rechenprogramme die Linien selbst identifizieren und Linienüberlappungen auflösen.

Zerlegung nach Orthogonalfunktionen. Die Zerlegung eines Signals $x(t)$ nach einer Summe von Orthogonalfunktionen $F_n(\Theta)$ mit den Koeffizienten k_n

$$x(t) = \sum_{n=-\infty}^{+\infty} k_n \cdot F_n(\Theta) \tag{23}$$

wird durchgeführt, wenn die Amplituden der einzelnen Komponenten oder die Leistung der einzelnen Anteile interessieren. Am verbreitetsten ist die FOURIER-Zerlegung nach trigonometrischen Funktionen, doch werden in zunehmendem Maße auch WALSH-Funktionen verwendet.

Kontinuierliche *periodische Signale* mit der Periode T lassen sich in eine unendliche FOURIER-Reihe von Sinus- und Cosinus-Schwingungen zerlegen, deren Frequenzen ganzzahlige Vielfache der Grundfrequenz $\omega_0 = 2\pi \cdot f_0 = 2\pi/T$ sind (Harmonische). Bekanntlich gilt

$$x(t) = \frac{a_0}{2} + \sum_{n=1}^{\infty} (a_n \cos n\omega_0 t + b_n \sin n\omega_0 t) \tag{24}$$

mit den Koeffizienten ($n \geqq 0$)

$$\left.\begin{aligned} a_n &= \frac{2}{T} \int_{-T/2}^{+T/2} x(t) \cdot \cos n\omega_0 t \cdot \mathrm{d}t, \\ b_n &= \frac{2}{T} \int_{-T/2}^{+T/2} x(t) \cdot \sin n\omega_0 t \cdot \mathrm{d}t. \end{aligned}\right\} \tag{25}$$

In komplexer Darstellung wird

$$x(t) = \frac{1}{T} \sum_{n=-\infty}^{+\infty} \underline{\hat{X}}(jn\omega_0) \cdot \mathrm{e}^{jn\omega_0 t} \tag{26a}$$

mit der komplexen Spektralamplitude

$$\underline{\hat{X}}(jn\omega_0) = \int_{-T/2}^{+T/2} x(t) \cdot e^{-jn\omega_0 t} \, dt. \tag{27a}$$

Die Gl. (26a) und (27a) lassen sich auch in der Form

$$x(t) = \sum_{-\infty}^{+\infty} \underline{\hat{X}}(jn\omega_0) \cdot e^{jn\omega_0 t} \tag{26b}$$

und

$$\underline{\hat{X}}(jn\omega_0) = \frac{1}{T} \int_{-T/2}^{+T/2} x(t) \cdot e^{-jn\omega_0 t} \, dt \tag{27b}$$

schreiben.

Das Amplitudenspektrum in Abhängigkeit von der Frequenz enthält also diskrete Werte im Abstand ω_0 (Abb. 34). Bei der Berechnung der FOURIER-Koeffizienten entstehen Schwierigkeiten, wenn die Lösung der Integrale hohen Rechenaufwand erfordert oder wenn die Funktion $x(t)$ nicht in analytischer Form gegeben ist, z. B. graphisch als geschlossener Linienzug oder punktweise, beispielsweise durch periodische Abtastung der Funktion entsprechend Abb. 23. Die numerische Mathematik hat eine Reihe von Näherungsverfahren entwickelt, um eine harmonische Analyse für maximal 72 Ordinatenwerte innerhalb einer Periode durchzuführen. Bei dieser harmonischen Analyse wird die Periode in eine durch 4 teilbare Zahl von äquidistanten Punkten unterteilt. Bei einer größeren Zahl von Ordinatenwerten wird der Rechenaufwand sehr groß.

Nicht-periodische determinierte Signale kann man nach FOURIER zerlegen, wenn man in Gl. (24) und (26) die Periode T gegen unendlich gehen läßt und $\omega_0 = 2\pi/T \to d\omega$ und $n\omega_0 \to \omega$ setzt. Man erhält das komplexe FOURIER-Integral in der Schreibweise nach [7]

$$\underline{\hat{X}}(j\omega) = \int_{-\infty}^{+\infty} x(t) \cdot e^{-j\omega t} \cdot dt = \mathcal{F}\{x(t)\} \tag{28}$$

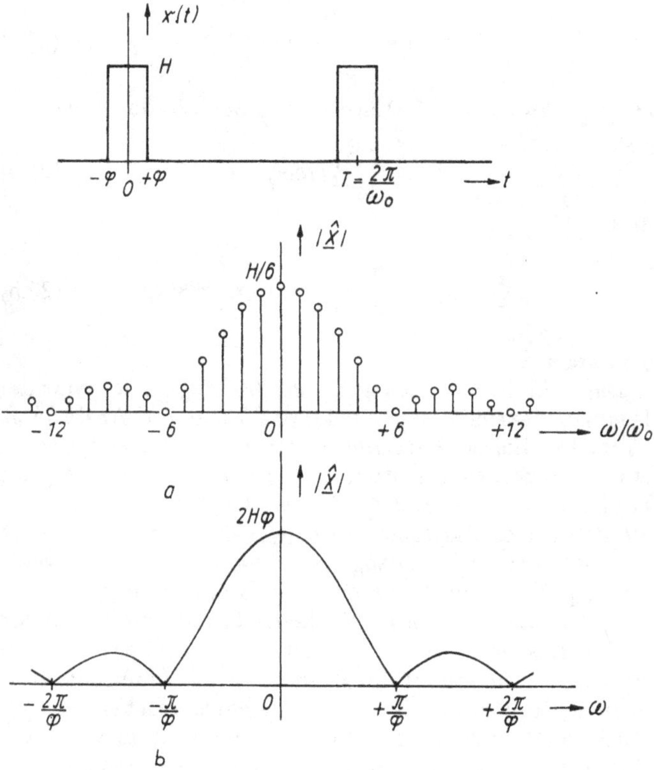

Abb. 34. FOURIER-Zerlegung von Rechteckimpulsen;

a: Amplitudenspektrum der Funktion

$$x(t) = \sum_{n=-\infty}^{+\infty} \frac{H\omega_0\varphi}{\pi} \left(\frac{\sin n\omega_0\varphi}{n\omega_0\varphi}\right) e^{jn\omega_0 t} \quad \text{für} \quad \varphi = T/12;$$

b: Amplitudendichte für einen Einzelimpuls der Breite 2φ mit

$$\underline{\hat{X}}(j\omega) = 2H\varphi \left(\frac{\sin \omega\varphi}{\omega\varphi}\right)$$

und

$$x(t) = \frac{1}{2\pi} \int_{-\infty}^{+\infty} \underline{\hat{X}}(j\omega) \cdot e^{j\omega t} \, d\omega = \mathcal{F}^{[-1]}\{\underline{\hat{X}}(j\omega)\}. \quad (29)$$

Das Amplitudenspektrum wird zu einem kontinuierlichen Spektrum, das sämtliche Frequenzen enthält (Abb. 34b). $\underline{\hat{X}}(j\omega)$ stellt hierbei die auf das Frequenzintervall $d\omega$ bezogene Amplitudendichte dar. Die für viele Untersuchungen bedeutsamen Funktionen Einheitssprung $\omega(t) = 1$ für $t \geqq 0$ und Einheitsstoßfunktion $\delta(t)$ besitzen ein mit $1/\omega$ abnehmendes Amplitudenspektrum bzw. eine konstante Amplitudendichte. Auf den Frequenzbereich $d\omega$ entfällt mit der spektralen Leistungsdichte $S(\omega)$ die Leistung $S(\omega) \cdot d\omega$. Es gilt:

$$S(\omega) = \frac{1}{2\pi} \lim_{T \to \infty} \frac{|\underline{\hat{X}}(j\omega)|^2}{2T}; \quad (30)$$

$S(\omega)$ ist eine reelle Funktion und enthält keine Phaseninformation mehr.

Die Leistungsdichte interessiert vor allem bei der Analyse *nichtdeterminierter Signale*, deren Zeitverlauf im einzelnen nicht bekannt ist; sie werden durch statistische Kenn- und Mittelwerte charakterisiert. Bei periodischen Signalen ist der zeitlich lineare Mittelwert

$$\overline{x(t)} = \frac{1}{2T} \int_{-T}^{+T} x(t) \cdot dt \quad (31)$$

und der quadratische Mittelwert

$$\overline{x(t)^2} = \frac{1}{2T} \int_{-T}^{+T} x^2(t) \cdot dt, \quad (32)$$

hierbei ist es üblich, als Integrationsgrenzen $+T$ und $-T$ zu setzen.

Bei nichtperiodischen Signalen wird $\overline{x(t)}$ und $\overline{x(t)^2}$ als Grenzwert für $T \to \infty$ verstanden.

In Verallgemeinerung des quadratischen Mittelwerts verwendet man die *Autokorrelationsfunktion* AKF [7, 17, 18]:

$$\psi_{xx}(\tau) = \lim_{T\to\infty} \frac{1}{2T} \int\limits_{-T}^{+T} x(t) \cdot x(t+\tau) \cdot \mathrm{d}t = \overline{x(t) \cdot x(t+\tau)}$$

$$= \psi_{xx}(-\tau) = \overline{x(t) \cdot x(t-\tau)}. \tag{33}$$

Die AKF ist eine gerade Funktion mit dem Maximum bei $\tau = 0$. Wegen der zeitlichen Mittelwertbildung enthält sie keine Informationen über die Phasenlage der einzelnen Spektralfrequenzen. Die AKF ist geeignet, innere Verwandtschaften im Verlauf zeitlich veränderlicher Signale aufzufinden. Ist $\psi_{xx}(\tau) = 0$ für $\tau > \tau_0$, so bedeutet dies, daß im Signalverlauf nach einer Zeit $t > \tau_0$ kein statistischer Zusammenhang mehr besteht. Beispielsweise wird für das stochastische Rauschen mit unbegrenzter Bandbreite, das keine korrelierten Anteile besitzt, die AKF für $\tau \neq 0$ verschwinden. Andererseits weist eine unendliche Schwingung $\hat{X} \cdot \sin(\omega t + \varphi)$ eine unendliche Korrelationsdauer auf. Mit Gl. (33) folgt hierfür

$$\psi_{xx}(\tau) = \frac{\hat{X}^2}{2} \cos \omega\tau, \tag{34}$$

also ebenfalls eine trigonometrische Funktion gleicher Frequenz ω. In der AKF sind alle Frequenzen der Zeitfunktion $x(t)$ enthalten, allerdings unter Verlust der Phaseninformation φ.

Das Wiener-Chintchin-Theorem gibt den wichtigen Zusammenhang zwischen der AKF $\psi_{xx}(\tau)$ und der spektralen Leistungsdichte $S(\omega)$ als Fourier-Transformation wieder:

$$S(\omega) = \frac{1}{2\pi} \int_{-\infty}^{+\infty} \psi_{xx}(\tau) \cdot e^{-j\omega\tau} \cdot d\tau = \frac{1}{2\pi} \mathcal{F}\{\psi_{xx}(\tau)\}; \quad (35)$$

$$\psi_{xx}(\tau) = \int_{-\infty}^{+\infty} S(\omega) \cdot e^{j\omega\tau} \cdot d\omega = 2\pi \mathcal{F}^{[-1]}\{S(\omega)\}. \quad (36)$$

So wie die FOURIER-Transformation des Einheitsstoßes $\delta(t)$ ein konstantes Amplitudenspektrum liefert, ergibt sich für das Leistungsspektrum des weißen Rauschens, das als AKF eine δ-Funktion aufweist, eine konstante Leistungsdichte. Beim Breitbandrauschen mit einem Leistungsdichteverlauf $S(\omega) = S_0/(1 + (\omega\tau_k)^2)$ und τ_k als Zeitkonstante des Breitbandsystems wird [52]

$$\psi_{xx}(\tau) = \frac{S_0}{2\tau_k} e^{-|\tau|/\tau_k}. \quad (37)$$

Die Autokorrelationsfunktion wird mit Erfolg zum Auffinden schwacher Signale in einem Untergrund von nicht korreliertem, statistisch verteilten Rauschen verwendet. In

$$x(t) = f(t) + r(t) \quad (38)$$

bedeutet $f(t)$ das gesuchte Signal und $r(t)$ den Rauschanteil der Meßgröße $x(t)$. Die AKF ergibt dann

$$\psi_{xx}(\tau) = \overline{x(t) \cdot x(t+\tau)} = \overline{f(t) \cdot f(t+\tau)} + \overline{r(t) \cdot r(t+\tau)}$$
$$+ \overline{f(t) \cdot r(t+\tau)} + \overline{f(t+\tau) \cdot r(t)}. \quad (39)$$

Die beiden letzten Summanden verschwinden wegen der fehlenden Korrelation von $f(t)$ und $r(t)$. Für den zweiten Summanden kann man bei technischen Systemen Gl. (37) verwenden, so daß sich eine AKF gemäß Abb. 35 ergibt. Wegen Gl. (34) besitzt der erste Summand in Gl. (39) die gleiche Frequenz wie das Nutzsignal und läßt sich daher zur Ermittlung der Signalfrequenz auswerten, ge-

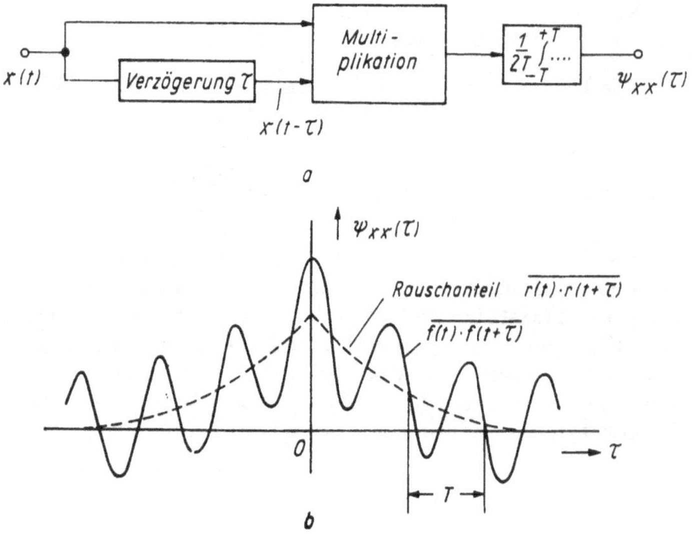

Abb. 35. Signalauffindung durch Autokorrelation,
a: Meßprinzip eines Korrelators,
b: Autokorrelationsfunktion eines stark verrauschten periodischen Signals (Sinusschwingung mit Periode T)

gebenenfalls über eine Fourier-Zerlegung. Die apparative Realisierung der veränderlichen Signalverzögerung bringt erhebliche Schwierigkeiten mit sich, insbesondere wenn die Untersuchungen bei sehr tiefen Frequenzen und bei großen Korrelationsdauern erfolgen müssen.

Tabelle 10 gibt eine zusammenfassende Übersicht über die zeitlichen und spektralen Signalkennfunktionen [7]. Die Umrechnung innerhalb einer Zeile erfolgt über die Fourier-Transformation. Wegen des Verlusts der Phaseninformation bei der Berechnung der Autokorrelationsfunktion ψ_{xx} und des Leistungsspektrums $S(\omega)$ ist eine umgekehrte Rechnung zur Bestimmung der Funktion $x(t)$ und ihrer komplexen Amplitudendichte $\underline{\hat{X}}(j\omega)$ nicht möglich.

Tabelle 10

Zusammenhänge zwischen zeitlichen und spektralen Signalkennfunktionen

Zeitbereich		Frequenzbereich
Zeitfunktion		Amplitudendichte
$x(t) = \frac{1}{2\pi}\int_{-\infty}^{+\infty} \underline{\hat{X}}(j\omega) \cdot e^{j\omega t}\, d\omega$	$\underset{\mathfrak{F}^{[-1]}}{\overset{\mathfrak{F}}{\rightleftarrows}}$	$\underline{\hat{X}}(j\omega) = \int_{-\infty}^{+\infty} x(t) \cdot e^{-j\omega t} \cdot dt$
$\downarrow$	mit Phaseninformation	$\downarrow$
$\psi_{xx}(\tau) = \lim_{T\to\infty} \frac{1}{2T}\int_{-T}^{+T} x(t) \cdot x(t+\tau) \cdot dt$		$S(\omega) = \frac{1}{2\pi} \lim_{T\to\infty} \frac{\lvert\underline{\hat{X}}(j\omega)\rvert^2}{2T}$
$\downarrow$		$\downarrow$
Autokorrelationsfunktion		Leistungsspektrum
$\psi_{xx}(\tau) = \int_{-\infty}^{+\infty} S(\omega) \cdot e^{j\omega\tau} \cdot d\omega$	$\underset{\mathfrak{F}^{[-1]}}{\overset{\mathfrak{F}}{\rightleftarrows}}$	$S(\omega) = \frac{1}{2\pi}\int_{-\infty}^{+\infty} \psi_{xx}(\tau) \cdot e^{-j\omega\tau}\, d\tau$

reelle Funktionen einer reellen Variablen ohne Phaseninformation

In Meßsystemen mit angeschlossenem Digitalrechner läßt sich die FOURIER-Transformation nicht im Sinne von Tabelle 10 mit kontinuierlichen Signalen bzw. Funktionen durchführen. Im Speicher wird die Folge der abgetasteten und digitalisierten Proben der Meßfunktion $x(t)$ gespeichert, wie es bereits im Zusammenhang mit dem Abtasttheorem und der Abtastung von Analoggrößen nach Abb. 25 erläutert wurde. Schreibt man für die Koeffizienten der FOURIER-Reihe entsprechend Gl. (27)

$$\underline{\hat{X}}(jn\omega_0) = \frac{1}{T} \int_0^T x(t) \cdot \mathrm{e}^{-jn\omega_0 t} \, \mathrm{d}t ,$$

für die Grundfrequenz $\omega_0 = 2\pi/T = 2\pi/(N \cdot \Delta t)$ und für die Zeit $t = m \cdot \Delta t$, so wird für die Koeffizienten der sogenannten *diskreten* FOURIER-*Transformation* (DFT)

$$k_n = \frac{1}{N} \sum_{m=0}^{N-1} x_m \cdot \mathrm{e}^{-j2\pi mn/N} \tag{40}$$

mit x_m als Werte der periodischen Funktion an den Abtastpunkten m; k_n sind die Amplituden der N Linien des diskreten Linienspektrums, das die Frequenzen $n/(N \cdot \Delta t)$ enthält, wobei $n = 0, 1, \ldots, N-1$ gilt. Die inverse diskrete FOURIER-Transformation lautet

$$x_m = \sum_{n=0}^{N-1} k_n \, \mathrm{e}^{j2\pi mn/N} . \tag{41}$$

Die Gleichwertigkeit der diskreten FOURIER-Transformation und der FOURIER-Transformation für eine kontinuierliche Größe ist gegeben, wenn die Bedingungen des Abtasttheorems eingehalten werden [53]. Abb. 36 zeigt qualitativ den Zusammenhang zwischen Zeit- und Frequenzbereich unter verschiedenen Voraussetzungen. Die frequenzbandbegrenzte Zeitfunktion $x(t)$, die sich über einen sehr langen Zeitraum erstrecken soll, aber nicht notwendig periodisch ist, besitzt ein kontinuierliches Frequenzspektrum bis zur oberen Grenzfrequenz f_{gr} (Abb. 36a). Die Abtastung in den Zeitintervallen Δt liefert bei $\Delta t \leqq 1/(2f_{gr})$ eine periodische Wiederholung des Frequenzspektrums ohne Überlappung (Abb. 36b). Die zeitbegrenzte kontinuierliche Funktion führt zu Anteilen hoher Frequenzen, die bei der Abtastung zur teilweisen Überlappung der einzelnen Frequenzbänder führen (Abb. 36c und 36d). Diese störende Überlappung bleibt klein, wenn entweder das Meßintervall $T = N \cdot \Delta t$ vergrößert oder der Abstand Δt der Abtastimpulse verkleinert wird; in beiden Fällen steigt die Zahl der Abtastwerte und damit auch der Umfang der rechnerischen Auswertung an. In Abb. 36e ist angedeutet, wie durch Wiederholung der Abtastung des zeitbegrenzten Intervalls T ein periodischer Vorgang entsteht, der nunmehr zu einem Linienspektrum führt. Es besteht aus N Werten und besitzt eine Periode $1/\Delta t$.

Auf eine Reihe von Problemen bei der Durchführung der DFT wird z. B. in [54] verwiesen. So wird die einzelne Spektrallinie einer unendlich langen Cosinus-Schwingung zu einem kontinuierlichen Spektrum mit Nebenmaxima verbreitert, wenn die Schwingung nur über mehrere Perioden ausgewertet wird; dies entspricht wie in Abb. 36c der Verwendung eines zeitlichen Rechteckfensters. Bei der wiederholten Abtastung gemäß Abb. 36e entsteht ein Raster von Frequenzlinien, die die Spektrallinien an unterschiedlichen Stellen anschneiden können und zu einer spektralen Welligkeit führen. Dieser Effekt läßt sich durch ein engeres Raster (Abtastung mit größerem Zeitbereich T) oder durch Verbreiterung der Spektrallinien mit Zeitfenstern, die von der Rechteckform abweichen, reduzieren, letztere Methode jedoch unter Einbuße an Frequenzauflösung.

Die Berechnung der Koeffizienten k_n aus Gl. (40) läßt

sich als Matrix schreiben:

$$\begin{pmatrix} k_0 \\ k_1 \\ \vdots \\ k_n \\ \cdot \\ k_{N-1} \end{pmatrix} = \frac{1}{N} \begin{pmatrix} W^{0\cdot 0} & \dots W^{m\cdot 0} & \dots W^{(N-1)\cdot 0} \\ \vdots & & \\ W^{0\cdot n} & \dots W^{m\cdot n} & \dots W^{(N-1)\cdot n} \\ \vdots & & \\ W^{0\cdot (N-1)} & \dots W^{m(N-1)} & \dots W^{(N-1)\cdot(N-1)} \end{pmatrix} \cdot \begin{pmatrix} x_0 \\ x_1 \\ \vdots \\ x_m \\ \cdot \\ x_{N-1} \end{pmatrix}, \tag{42}$$

wobei zur Abkürzung $W = \mathrm{e}^{-j2\pi/N}$ gesetzt wurde. Zur Berechnung sind also N^2 komplexe Multiplikationen erforderlich, die bei Kleinrechnern z. B. mit $N = 10^3$ zu Rechenzeiten von größenordnungsmäßig 1 Stunde führen und eine effektive Arbeit im Echtzeitbetrieb nicht mehr zulassen.

Das Anliegen der sogenannten *schnellen Transformationen* besteht darin, die Berechnung der Gl. (42) dadurch abzukürzen, daß die Zahl der Multiplikationen durch Ausnutzung von Gesetzmäßigkeiten der Funktionen $W^{m\cdot n}$ erheblich reduziert wird. Die Größe $W^{m\cdot n} = \mathrm{e}^{-j2\pi mn/N}$ weist eine Periodizität auf gemäß $\mathrm{e}^{-j2\pi l} = \mathrm{e}^{-j2\pi(l+\alpha)}$, α ganzzahlig. Von Cooley und Tukey [55] wurde die Methode der schnellen Fourier-Transformation (fast Fourier transform FFT) begründet. Sie verwendet 2^a Abtastwerte ($a > 0$); dies bedeutet keine wesentliche Einschränkung der Methode, weil in der Praxis oftmals für Häufigkeitsverteilungen und Abtastungen ebenfalls 2^a Punkte (Kanäle) verwendet werden, z. B. $2^8 = 256$ oder $2^{10} = 1024$. Das Prinzip der FFT nach Cooley und Tukey besteht darin, daß das Spektrum einer durch N Abtastwerte

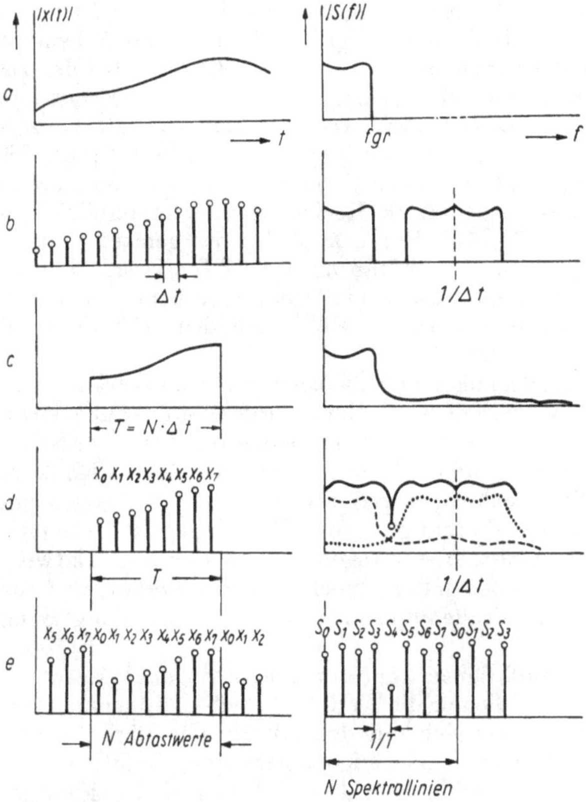

Abb. 36. Zeit- und Frequenzbereich zur Erläuterung der diskreten FOURIER-Transformation, nach [54]

dargestellten Zeitfunktion aus den beiden Spektren der Unterreihen der je $N/2$ geradzahligen und ungeradzahligen Abtastwerte berechnet wird. Das Teilen in Unterreihen wird fortgesetzt, bis schließlich nur noch Unterreihen aus je 2 Werten übrig bleiben. Eine ausführliche Einführung findet man z. B. in [19, 53, 54, 56]. Statt N^2 Rechenoperationen sind nur noch $2N \log_2 N$ Schritte erforderlich. Die Einsparung um den Faktor $N^2/2N \log_2 N$ macht sich besonders bei großen Werten von N bemerkbar und beträgt bei $N = 2^{10}$ rund 50. Auch bei der Berechnung von Faltungsintegralen und bei der Ermittlung der Autokorrelationsfunktion liegen die Rechenzeiteinsparungen in der gleichen Größenordnung [53]. Für die FFT sind zahlreiche Varianten ausgearbeitet worden, teilweise wurden auch Rechenprogramme publiziert, s. z. B. [22, 56, 57]. Ein Überblick über gerätetechnische Lösungen zur Durchführung der FFT, die sich für den Echtzeitbetrieb eignen, gibt [58]. Eine neuere Variante, die schneller als frühere FFT-Methoden arbeitet, ist in [59] beschrieben.

Die Zerlegung von beliebigen Funktionsverläufen erfolgt überwiegend nach Sinus- und Cosinus-Funktionen. Der hierfür erforderliche mathematische Apparat ist gut ausgearbeitet und allgemein bekannt. Außerdem kommen Sinus-Schwingungen bei vielen physikalischen und technischen Vorgängen vor. Den Eigenschaften eines Digitalrechners besser angepaßt sind allerdings Entwicklungsfunktionen mit rechteckförmigem Verlauf und diskreten Amplitudenwerten, z. B. die Walsh-Funktionen.

Walsh-Funktionen wal (n, Θ) sind orthogonale Rechteckfunktionen, die nur die Werte $+1$ und -1 annehmen können. Sie lassen sich mit den Mitteln der Digitaltechnik sehr viel leichter als trigonometrische Funktionen erzeugen und handhaben. Die Ordnung n der Funktion wal (n, Θ) ist mit der Anzahl der Vorzeichenwechsel im Orthogonalitätsbereich $-1/2 \leqq \Theta \leqq +1/2$ identisch; $\Theta = t/T_0$ ist die normierte Zeit mit T_0 als Zeitbasis (Periode). Abb. 37 gibt die ersten 16 Walsh-Funktionen wieder. Man erkennt, daß sich bezüglich $\Theta = 0$ gerade und ungerade Funktionen unterscheiden lassen, die in Anlehnung an sin- und cos-Funktionen bezeichnet werden:

$$\left.\begin{array}{ll}\text{gerade Funktion:} & \operatorname{cal}(n, \Theta) = \operatorname{wal}(2n, \Theta),\\ \text{ungerade Funktion:} & \operatorname{sal}(n, \Theta) = \operatorname{wal}(2n-1, \Theta).\end{array}\right\} \quad (43)$$

Ähnlich wie die Frequenz bei den trigonometrischen Funktionen läßt sich eine Sequenz Φ definieren, die gleich der Hälfte der mittleren Zahl der Vorzeichenwechsel in

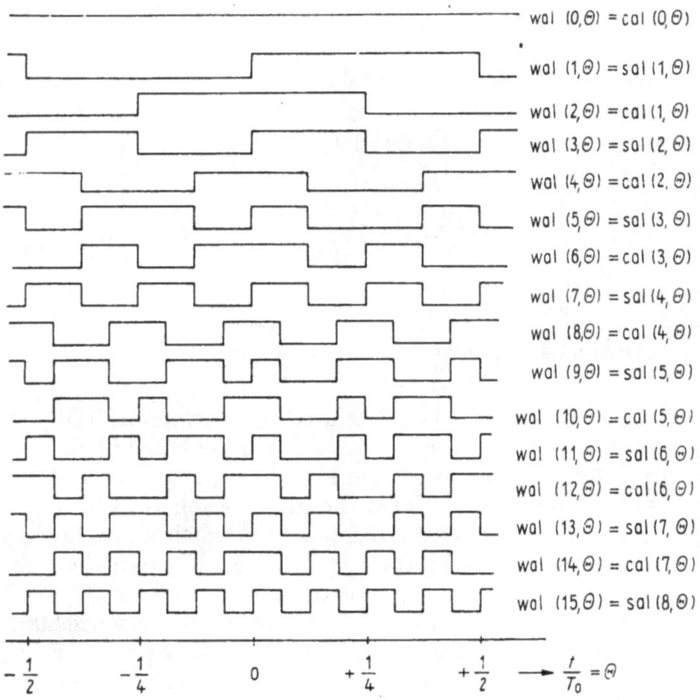

Abb. 37. Verlauf der ersten 16 WALSH-Funktionen

der Zeitbasis T_0 ist. Sie ist gleich der Ordnung n der cal- und sal-Funktionen. Für die Berechnung der WALSH-Funktionen kann man Iterationsformeln und Matrizen heranziehen, siehe z. B. [60, 61, 62]. In Analogie zur FOURIER-Reihe mit trigonometrischen Funktionen läßt sich für periodische Funktionen schreiben:

$$f(\Theta) = f\left(\frac{t}{T_0}\right) = c_0 + \sum_{n=1}^{\infty} [c_n \cdot \mathrm{cal}\,(n, \Theta) + s_n \cdot \mathrm{sal}\,(n, \Theta)]$$

$$= \sum_{n=0}^{\infty} w_n \cdot \mathrm{wal}\,(n, \Theta). \tag{44}$$

Die Koeffizienten lauten für $n \geqq 1$

$$\left.\begin{aligned} c_n &= \int_{-1/2}^{+1/2} f(\Theta) \cdot \mathrm{cal}\,(n, \Theta) \cdot \mathrm{d}\Theta, \\ s_n &= \int_{-1/2}^{+1/2} f(\Theta) \cdot \mathrm{sal}\,(n, \Theta) \cdot \mathrm{d}\Theta, \\ c_n &= w_{2n}, \quad s_n = w_{2n-1}, \\ &\text{arithmetischer Mittelwert } c_0 = \int_{-1/2}^{+1/2} f(\Theta) \cdot \mathrm{d}\Theta. \end{aligned}\right\} \tag{45}$$

Bei nicht-periodischen Zeitfunktionen ändert sich Gl. (44) in eine Integraltransformation. Für die Auswertung ist günstig, daß sich wegen der Funktionswerte ± 1 die Multiplikationen in der Walsh-Transformation zu Additionen und Subtraktionen vereinfachen. Ähnlich zur schnellen Fourier-Transformation wurden auch Methoden der schnellen Walsh-Transformation entwickelt [60].

Die Walsh-Transformation hat in der Nachrichtenübertragungstechnik, bei der Analyse von Sprach-, Bild-, Radar- und anderen Signalen, bei der Zeichenerkennung und bei Untersuchungen in der Medizin eine zunehmende Bedeutung [63]. Wegen des geringen Rechenaufwands eignet sich die Transformation vor allem für Digitalrechner im Echtzeitbetrieb. Das gilt auch für Mikrorechner [64].

Leider haben jedoch die modernen Methoden der schnellen Fourier-Transformation und der Walsh-Transformation, die auf die Verwendung von Digitalrechnern zugeschnitten sind, zumindest in deutschsprachigen Lehr- und Fachbüchern der Informationstechnik und -verarbeitung noch nicht den ihnen gebührenden Platz gefunden, so daß zur Einführung auf die sehr verstreuten Zeitschriftenartikel zurückgegriffen werden muß.

Korrelationstechnik [7, 17, 18]. Bei Korrelationsmessungen werden statistische Zusammenhänge und gegenseitige Abhängigkeiten von verschiedenen Größen und Funktionen, aber auch von Werten ein und derselben Zeitfunktion für unterschiedliche Zeitpunkte untersucht. Die Autokorrelationsfunktion AKF

$$\psi_{xx}(\tau) = \lim_{T\to\infty} \frac{1}{2T} \cdot \int_{-T}^{+T} x(t) \cdot x(t+\tau)\,\mathrm{d}t \qquad (33)$$

hängt mit dem Leistungsspektrum $S(\omega)$ über eine FOURIER-Transformation zusammen:

$$S(\omega) = \frac{1}{2\pi} \int_{-\infty}^{+\infty} \psi_{xx}(\tau) \cdot \mathrm{e}^{-j\omega\tau}\,\mathrm{d}\tau. \qquad (35)$$

Die AKF als statistisch gewichteter Mittelwert eines Zeitvorgangs ist damit der Angabe des Leistungsspektrums gleichwertig; beide enthalten keine Phaseninformation. Die AKF liefert eine Aussage über die gegenseitige Abhängigkeit von Werten der Größe $x(t)$. Bei regellosen Vorgängen treten im allgemeinen keine plötzlichen Änderungen auf. Deshalb kann man eine gewisse Voraussage über den Funktionswert in nachfolgenden Zeitpunkten treffen, doch wird die Genauigkeit mit steigendem Zeitabstand kleiner, vgl. z. B. die Wetterprognose. Diesen Sachverhalt gibt die AKF wieder: sie geht bei nichtperiodischen Vorgängen mit steigendem τ gegen Null, und zwar um so schneller, je regelloser der Funktionsverlauf ist. Bei dem physikalisch nicht realisierbaren Rauschen mit konstanter Leistungsdichte bei allen Frequenzen ist

$\psi_{xx}(\tau) = 0$ für $\tau \neq 0$ — hier besteht keine Verwandtschaft zwischen benachbarten Funktionswerten und keine Voraussagemöglichkeit. Die Untersuchungen zur Voraussage bei zufälligen Prozessen bildeten einen wesentlichen Ausgangspunkt für die Entwicklung der Kybernetik.

Die *Kreuzkorrelationsfunktion* KKF ist der zeitliche Mittelwert aus dem Produkt zweier zeitlich um τ verschobener Funktionen:

$$\psi_{xy}(\tau) = \lim_{T\to\infty} \frac{1}{2T} \cdot \int_{-T}^{+T} x(t) \cdot y(t+\tau)\,\mathrm{d}t$$

$$= \lim_{T\to\infty} \frac{1}{2T} \cdot \int_{-T}^{+T} x(t-\tau) \cdot y(t) \cdot \mathrm{d}t = \psi_{yx}(-\tau). \quad (46)$$

Die KKF wird Maximalwerte bei solchen Zeitverschiebungen τ annehmen, die die größte Verwandtschaft zwischen den Funktionswerten $x(t)$ und $y(t)$ aufweisen. Die KKF enthält daher eine Information über die Phase oder die Zeit. Stellen beispielsweise $x(t)$ und $y(t)$ die Sende- und Empfangssignale einer Radaranlage dar, entspricht die Lage des Maximums der KKF der Signallaufzeit τ.

Große Bedeutung hat die Korrelationstechnik für die Analyse und Messung von Systemen mit Hilfe regelloser Signale und für die Verarbeitung stark verrauschter Größen. Die „klassische" Methode der unmittelbaren Messung des Frequenzgangs eines Systems mit einer harmonischen, frequenzvariablen Testgröße läßt sich nicht mehr durchführen, wenn diese Untersuchungen zu einem nicht zulässigen Eingriff in den Betriebsablauf führen würden, z. B. bei einem Produktionsprozeß, oder wenn die Testsignale in der Größenordnung der zufälligen Schwankungen der Eingangsgröße liegen müßten. Vielfach verhindern auch starke Störungen die unmittelbare Frequenzgangmessung. Determinierte Testsignale wie Stoß- oder Sprungfunktion ermöglichen zwar eine relativ einfache

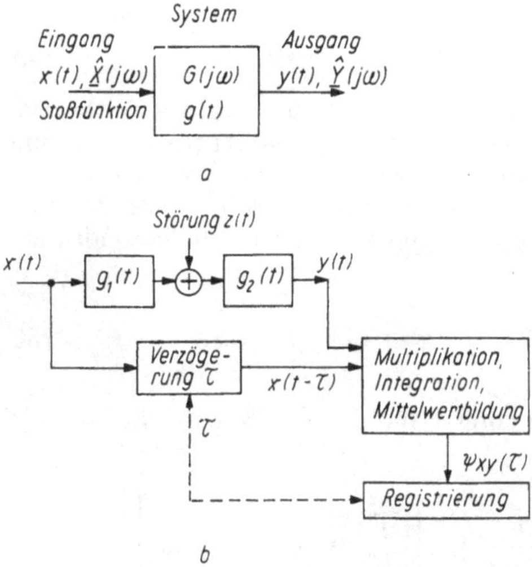

Abb. 38. Zur Systemuntersuchung mit Korrelationsmethoden,
a: Bezeichnungen,
b: System mit Störungen und angedeutetem Meßprinzip für die Kreuzkorrelationsfunktion

Auswertung, beeinflussen aber in vielen Fällen den Prozeßablauf in unzulässiger Weise. Eine Übersicht über die experimentellen Verfahren zur Prozeßanalyse gibt [23].

Für das System Abb. 38a gilt der Zusammenhang der komplexen Amplituden der Ein- und Ausgangsgröße

$$\hat{\underline{Y}}(j\omega) = G(j\omega) \cdot \hat{\underline{X}}(j\omega) \tag{47}$$

mit dem komplexen Frequenzgang $G(j\omega)$. Mit Gl. (30) folgt daraus

$$S_y(\omega) = |G(j\omega)|^2 \cdot S_x(\omega), \tag{48}$$

d. h., das Quadrat des Frequenzgangs stellt den Übertragungsfaktor für die Leistung dar. Weißes Rauschen als Eingangsgröße liefert mit $S_x(\omega) = S_0$ die einfache Meßvorschrift

$$S_y(\omega) = S_0 \cdot |G(j\omega)|^2. \tag{49}$$

Zur Kennzeichnung eines Systems wird im Zeitbereich oft die Übergangsfunktion $h(t)$ als Antwort auf eine Sprungfunktion im Eingang bzw. die Gewichtsfunktion $g(t)$ als Antwort auf eine Stoßfunktion verwendet (Tabelle 3). Für beliebige Eingangsgrößen gilt das Faltungsintegral

$$y(t) = \int_0^t x(t-u) \cdot g(u) \cdot du. \tag{50}$$

Durch Einsetzen von Gl. (50) in Gl. (33) wird für die AKF [7]:

$$\begin{aligned}\psi_{yy}(\tau, t) &= \lim_{T\to\infty} \frac{1}{2T} \cdot \int_{-T}^{+T} \left[\int_0^t x(t-u)\, g(u)\, du\right] \\ &\quad \times \left[\int_0^{t+\tau} x(t+\tau-v)\, g(v)\, dv\right] dt \\ &= \int_0^t \int_0^{t+\tau} g(u) \cdot g(v) \cdot \psi_{xx}(\tau+u-v) \cdot du \cdot dv \end{aligned} \tag{51}$$

mit

$$\psi_{xx}(\tau+u-v) = \lim_{T\to\infty} \frac{1}{2T} \int_{-T}^{+T} x(t-u) \cdot x(t+\tau-v)\, dt. \tag{52}$$

Nach Abklingen der Einschwingvorgänge wird in Gl. (51) für den stationären Fall die Integrationsgrenze $t \to \infty$. Bei weißem Rauschen der Leistungsdichte S_0 als Eingangsgröße folgt aus Gl. (35) und (36) wegen der δ-förmigen AKF

$$\psi_{xx}(\tau+u-v) = 2\pi S_0 \cdot \delta(\tau+u-v) \tag{53}$$

und mit Gl. (51)

$$\psi_{yy}(\tau) = 2\pi S_0 \cdot \int_0^\infty g(u) \cdot g(\tau + u) \cdot \mathrm{d}u, \tag{54}$$

$$\psi_{yy}(0) = 2\pi\, S_0 \int_0^\infty [g(u)]^2 \cdot \mathrm{d}u. \tag{55}$$

In der Anordnung nach Abb. 38b wird die Kreuzkorrelation zwischen der Ein- und Ausgangsgröße des linearen Systems mit ihren Störungen $z(t)$ gemessen. Es gilt zunächst mit $g_1(t) \cdot g_2(t) = g(t)$

$$y(t) = \int_0^t x(t-u) \cdot g(u) \cdot \mathrm{d}u + \int_0^t z(t-v) \cdot g_2(v) \cdot \mathrm{d}v. \tag{56}$$

Der stationäre Fall mit $t \to \infty$ besitzt die KKF

$$\psi_{xy}(\tau) = \lim_{T\to\infty} \frac{1}{2T} \int_{-T}^{+T} x(t-\tau)$$

$$\times \left[\int_0^\infty x(t-u)\, g(u)\, \mathrm{d}u + \int_0^\infty z(t-v)\, g_2(v)\, \mathrm{d}v \right] \mathrm{d}t$$

$$= \int_0^\infty g(u) \cdot \psi_{xx}(\tau - u) \cdot \mathrm{d}u + \int_0^\infty g_2(v) \cdot \psi_{xz}(\tau - v) \cdot \mathrm{d}v. \tag{57}$$

Mit der Voraussetzung fehlender Korrelation zwischen der Eingangsgröße $x(t)$ und der Störung $z(t)$ wird in Gl. (57) der zweite Summand für $T \to \infty$ verschwinden, in der Praxis mit großem T zumindest klein bleiben. Folglich kann man in guter Näherung schreiben:

$$\psi_{xy}(\tau) = \int_0^\infty g(t) \cdot \psi_{xx}(\tau - t) \cdot \mathrm{d}t. \tag{58}$$

Mit weißem Rauschen als Eingangsfunktion wird dann unter Verwendung von Gl. (53)

$$\psi_{xy}(\tau) = 2\pi S_0 \cdot g(\tau). \tag{59}$$

Die Kreuzkorrelationsfunktion liefert somit bei stochastischem Eingangssignal die Gewichtsfunktion des Systems bei nur geringem Einfluß nichtkorrelierter Störungen. Die Messungen erfordern keine aktiven Eingriffe in den Prozeß. Sie sind durchführbar, wenn die Schwankungen der Eingangsgröße genügend groß sind — dies kann andererseits die Meßbarkeit der Systemgrößen mit determinierten Signalen verhindern.

Mit Hilfe der FOURIER-Transformation der Kreuzkorrelationsfunktion ergibt sich für die Kreuzleistungsdichte [7]

$$S_{xy}(\omega) = G(j\omega) \cdot S_{xx}(\omega). \tag{60}$$

Auch diese Beziehung ist für die System- und Prozeßanalyse mit stochastischen Eingangssignalen von großer Bedeutung.

Bei praktischen Messungen wird häufig die Korrelationsfunktion ermittelt und die Spektraldichte durch FOURIER-Transformation berechnet. Die analoge Informationsverarbeitung verwendet oft Analog-Magnetbandspeicher, um die variable Zeitverschiebung τ für die Korrelationsfunktion zu realisieren. Dem Vorteil übersichtlicher Verarbeitung steht der hohe Aufwand für Analog-Magnetbandspeicher und die begrenzte Integrationszeit gegenüber. Die digitale Verarbeitung geht von den nach Zeit- und Funktionswert digitalisierten Größen aus, so daß die Integrationen in den vorstehend angeführten

Abb. 39. Kernreaktoruntersuchungen;

a: Frequenzgang eines Kernreaktors aus Messungen mit binärem pseudo-zufälligen Rauschen [65]

b: Spektraldichte am Ausgang einer Ionisationskammer für einen Hochflußreaktor [66]

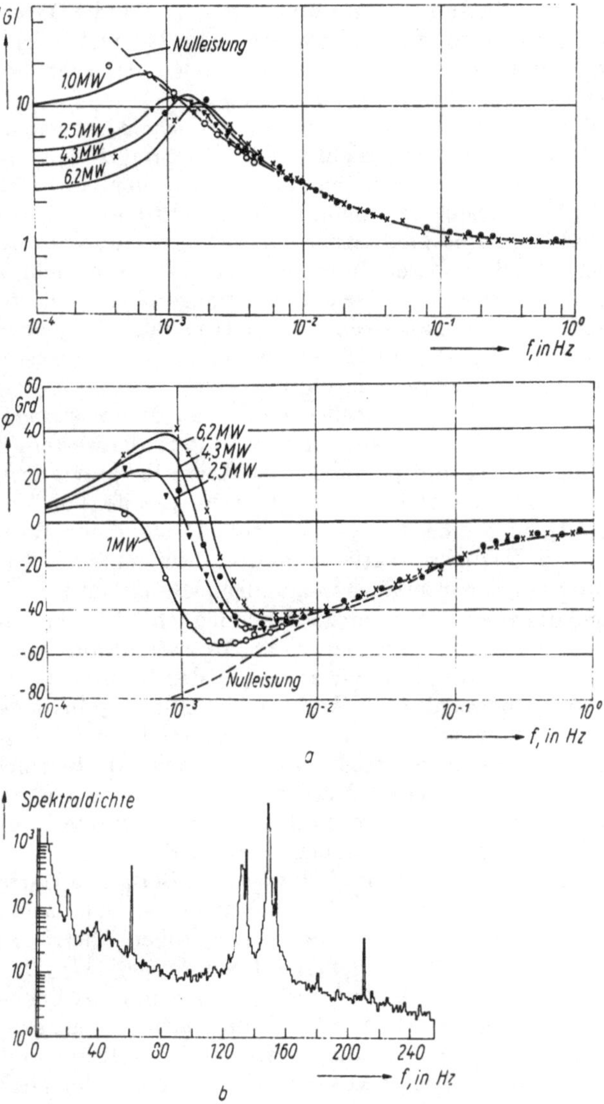
|G|
Nulleistung
1,0 MW
2,5 MW
4,3 MW
6,2 MW
10
1
10^{-4} 10^{-3} 10^{-2} 10^{-1} 10^{0}
f, in Hz
φ
Grd
60
40
20
0
-20
-40
-60
-80
6,2 MW
4,3 MW
2,5 MW
1 MW
Nulleistung
10^{-4} 10^{-3} 10^{-2} 10^{-1} 10^{0}
f, in Hz
a
Spektraldichte
10^{3}
10^{2}
10^{1}
10^{0}
0 40 80 120 160 200 240
f, in Hz
b

Gleichungen in Summen überführt werden. Für die Durchführung der FOURIER-Transformation im Echtzeitbetrieb werden die bereits erwähnten Methoden der schnellen FOURIER-Transformation herangezogen.

Bei der Untersuchung mit stochastischem Eingangssignal läßt sich eine gleichförmige Leistungsdichte nur bis zu einer oberen Grenzfrequenz f_{gr} erreichen. Der Einfluß auf die Resultate gegenüber dem nicht realisierbaren Grenzfall $f_{gr} \to \infty$ bleibt aber vernachlässigbar, wenn f_{gr} größer als die obere Grenzfrequenz des untersuchten Systems ist. Für die Kreuzkorrelationsfunktion ist die Messung der Eingangsgröße $x(t)$ notwendig, was jedoch bei Ausnutzung der zufälligen Störungen des Prozesses selbst meist nur schwer durchführbar ist.

Große praktische Vorteile bietet das *binäre pseudozufällige Rauschen*, das nur die zwei Amplitudenwerte ± 1 annehmen kann und periodisch ist. Deshalb kann man in einem ansonsten rauschfreien System bereits aus der Messung über eine Periode des pseudo-zufälligen Rauschens die Kreuzkorrelationsfunktion ermitteln. Die Erzeugung von binärem pseudo-zufälligen Rauschen ist mit rückgekoppelten Schieberegistern möglich. Die Multiplikationen zur Bildung der Korrelationsfunktion reduzieren sich bei Amplitudenwerten ± 1 des Rauschsignals auf vorzeichenbehaftete Additionen und begünstigen die Durchführbarkeit derartiger Korrelationsuntersuchungen im Echtzeitbetrieb. Abb. 39a zeigt als Beispiel den Frequenzgang eines Kernreaktors, der aus der gemessenen Kreuzkorrelationsfunktion durch diskrete FOURIER-Transformation berechnet wurde [65].

Abschließend ist in Abb. 39b noch ein Beispiel aus der Kernreaktordiagnostik wiedergegeben, wobei das natürliche Reaktorrauschen unter realistischen Betriebsbedingungen zur Messung benutzt wurde [66, 67]. Das Ausgangssignal einer Ionisationskammer zum Neutronennachweis an einem Hochflußreaktor wurde in einzelne Zeitabschnitte unterteilt, die abgetastet, digitalisiert und der schnellen FOURIER-Transformation zur Ermittlung der

Spektraldichten unterworfen wurden; in Abb. 39b betrug die Abtastrate 1025 s^{-1}, die Datensammelzeit 2 min und die Rechenzeit der schnellen FOURIER-Transformation 1 min. Die Spektraldichten der Kammer ohne Neutronenbestrahlung und des Drucks im Kühlmittelkreislauf sowie die Kreuzkorrelationen zwischen Ionisationskammer und Kühldruck zeigten, daß die starken Anteile bei 130 bis 150 Hz und um 210 Hz auf die Kühlmittelpumpen und nicht auf Neutronen zurückzuführen sind.

5. Literatur

[1] VEB ROBOTRON Dresden (Herausg.): Entwicklung und Anwendung der elektronischen Rechentechnik in der DDR, Schriftenreihe Informationsverarbeitung, Verlag Die Wirtschaft Berlin, 1976

[2] W. Schulze: Wissenschaftliche Forschung und elektronische Rechentechnik, Beiträge zur Forschungstechnologie Heft 2, Akademie-Verlag Berlin, 1975

[3] K. Anke, H. Kaltenecker, R. Oetker: Prozeßrechner — Wirkungsweise und Einsatz, Akademie-Verlag Berlin, 1971

[4] K.-H. Göllner, H. Günther (Bearb.): Methodik zur Vorbereitung des Einsatzes von Prozeßrechnern, Schriftenreihe Datenverarbeitung, Kombinat ROBOTRON Dresden, 1970

[5] G. Cain, Y. Paker, P. Morse (Edit.): Proceed. Minicomputer Evaluation and Selection, miniconsult London, 1974

[6] Y. Paker, G. Cain, P. Morse (Edit.): Proceed. Minicomputer Interfacing, miniconsult London, 1973

[7] E.-G. Woschni: Informationstechnik, Verlag Technik Berlin, 1973

[8] H. F. Grave: Elektrische Messung nichtelektrischer Größen, Akadem. Verlagsges. Leipzig, 1965

[9] H. Haas, E. Bernicke u. a. (Red.): ursamat Handbuch, Verlag Technik Berlin, 1969

[10] E. Kühn, H. Schmied: Integrierte Schaltkreise. Praktische Hinweise und Anwendungsbeispiele, Verlag Technik Berlin, 1974

[11] L. A. Matalin, Sh. Narai, S. I. Tschubarow: (Л. А. Маталин, Ж. Нарай, С. И. Чубаров): Методы регистрации и обработки данных в ядерной физике и технике, Атомиздат Москва, 1968

[12] G. Wunsch: Systemanalyse, Band 1 Lineare Systeme, Verlag Technik Berlin, 1969

[13] D. H. Sheingold (Edit.): Analog-digital conversion handbook, Analog Devices Norwood USA, 1972
[14] R. Peipmann: Grundlagen der technischen Erkennung, Verlag Technik, Berlin, 1975
[15] H. Simon (Herausg.): Automatische Bildverarbeitung in Medizin und Biologie, Th. Steinkopff Dresden, 1975
[16] Special Issue on Digital Picture Processing, Proc. IEEE **60** (1972) No. 7
[17] F. H. Lange: Korrelationselektronik, Verlag Technik Berlin, 1962
[18] F. H. Lange: Signale und Systeme, Band 3 Regellose Vorgänge, Verlag Technik Berlin, 1973
[19] S. W. Director, R. A. Rohrer: Introduction to System Theory. McGraw Hill New York, 1972; russ. Übersetzung Mir Moskau, 1974
[20] Kleinrechner — Einsatz und Programmierung, Rechentechnik/Datenverarbeitung **10** (1973), 1. Beiheft
[21] Rechnersysteme ROBOTRON 4000 4200 4201 — Anwendung und Weiterentwicklung, Rechentechnik/Datenverarbeitung **12** (1975), 3. Beiheft
[22] Special Issue on Fast Fourier Transform, IEEE Transact. Audio and Electroacoustics **AU-17** (1969) No. 2, **AU-15** (1967) No. 2
[23] K. Kaplick, G. Lorenz: Experimentelle Verfahren zur Prozeßanalyse, Deutscher Verlag für Grundstoffindustrie Leipzig, 1973
[24] A. W. Kuzenko, B. A. Polosjanz, Ju. W. Stupin (А. В. Куценко, Б. А. Полосьянц, Ю. В. Ступин): Мини-ЭВМ в экспериментальной физике, Атомиздат Москва, 1975
[25] W. Meiling: Mikrorechner — Eigenschaften und Anwendungen, Beiträge zur Forschungstechnologie, Heft 5, Akademie-Verlag Berlin, 1978
[26] H. Klessmann, R. Pangritz (Herausg.): Prozeßrechensysteme, rechnergeführte Meßelektronik, Bericht HMI-B 134 Hahn-Meitner-Institut Westberlin, 1973
[27] V. Kussl: Technik der Prozeßdatenverarbeitung, Verlag Technik Berlin, 1973
[28] Processor Handbook, Peripherals and Interfacing Handbook, PDP-11, Digital Equipment Corp., 1972
[29] K. Franke: Datenübertragung. Reihe Automatisierungstechnik Band 136, Verlag Technik Berlin, 1972

[30] DDR-Standard TGL 14591: Steuer- und Regelungstechnik, Dez. 1963

[31] DDR-Standard TGL 22500/02: System ursamat, technische Forderungen, Nov. 1974

[32] E. NEDWED, J. GÜNTHER: Maschinenorientierte Systemunterlagen für die Rechnersysteme ROBOTRON 4000 und 4200 und ihre Weiterentwicklung. Rechentechnik/Datenverarbeitung **12** (1975) 3. Beiheft, 10

[33] K. ECKERT: Gleichtaktstörunterdrückung bei elektrostatischer Kopplung und Kabelanschlußmöglichkeiten. radio fernsehen elektronik **24** (1975) 593

[34] CAMAC: Specification of Amplitude Analogue Signals within a 50 Ω System, Report EUR 5100, ESONE Committee, Luxembourg, 1972

[35] H. KAMPE: Betrachtungen zur Störsignalunterdrückung durch ein Integrationsglied in Steuerleitungen. radio fernsehen elektronik **22** (1973) 721

[36] J. W. D. SINCLAIR, J. W. SMITH et al.: A Real-time 448000-channel Multiparameter Pulse-Height Analysis System. Nuclear Instr. and Meth. **111** (1973) 61

[37] R. FÜLLE, B. KÜHN u. a.: On-Line-Verarbeitung der Meßdaten bei der Untersuchung der Kernreaktion ^{2}H(p,2p)n. Exper. Techn. Phys. **23** (1975) 245

[38) D. S. GEMMEL: An On-line Computer System in Use with Low-energy Nuclear Physics Experiments. Nuclear Instr. and Meth. **46** (1967) 1

[39] B. SOUČEK: State of Art in Multichannel Pulse Data Analysis. IEEE Transact. Nucl. Sci. **NS-16** (1969) No. 5, 36

[40] F. F. TSUI: Der Assoziativspeicher — Anwendung und Realisierungsmöglichkeiten, Frequenz **20** (1966) 69

[41] G. THURISCH: Struktur, Aufbau und Anwendungsmöglichkeiten des Assoziativspeichers. radio fernsehen elektronik **18** (1969) 471, 517

[42] B. SOUČEK, V. BONAČIĆ, K. ČULJAT: Million Channel Pulse Height Analyser through Pseudo-random Digital Transformation. Nuclear Instr. and Meth. **66** (1968) 202

[43] V. BONAČIĆ, B. SOUČEK, K. ČULJAT: Pseudo-random Digital Transformation, Nuclear Instr. and Meth. **66** (1968) 213

[44] P. FEY: Schieberegister und ihre Anwendungen. Nachrichtentechnik **20** (1970) 189, 227, 274

[45] D. A. LINDEN: A Discussion of Sampling Theorems, Proc. IRE **47** (1959) 1219

[46] G. Tietze: Prinzip und Anwendung der Signal-Averaging-Technik, radio fernsehen elektronik **24** (1975) 485

[47] H.-J. Stuckenberg: Detektor- und Experimentelektronik. G. Braun Karlsruhe, 1974

[48] J. Bähr, H. Böttcher u. a.: SOLAS on-line System, Symposium über Auswertung von Blasen- und Funkenkammerdaten Dubna. Bericht Dubna D 10-6142, 1971, 170

[49] H. Margenau, G. M. Murphy: Die Mathematik für Physik und Chemie, Band II. Verlagsges. B. G. Teubner Leipzig, 1966

[50] J. Geyer, D. Horn: Stand und Entwicklungstendenzen des Einsatzes von Klein- und Prozeßrechnern in der DDR, Rechentechnik/Datenverarbeitung **12** (1975) 3. Beiheft, 1

[51] R. Fülle: Experimentelle und theoretische Untersuchung der (d,d)- und (d,p)-Reaktion an ^{24}Mg, Dissertation, ZfK Rossendorf ZfK-206, 1970

[52] G. Fritzsche: Systeme — Felder — Wellen, Arbeitsbuch. Verlag Technik Berlin, 1975

[53] W. T. Cochran, J. W. Cooley et al.: What is the Fast Fourier Transform? Proc. IEEE **55** (1967) 1664, IEEE Transact. Audio and Electroacoustics **AU-15** (1967) No. 2, 45

[54] H. C. Höring: Die schnelle Fourier-Transformation. Frequenz **25** (1971) 267

[55] J. W. Cooley, J. W. Tukey: An Algorithm for Machine Calculation of Complex Fourier Series. Math. of Comput. **19** (1965) 297

[56] K. J. Weber: Numerische Analyse und Synthese argumentquantisierter Funktionen mit der schnellen Fourier-Transformation. Nachrichtentechnik **21** (1971) 45

[57] P. Schumann: Programmsystem NOISY für den Kleinrechner C 8205/6. Rechentechnik/Datenverarbeitung **10** (1973) 1. Beiheft, 61

[58] G. D. Bergland: Fast Fourier Transform Hardware Implementations, IEEE Transact. Audio and Electroacoustics **AU-17** (1969) No. 2, 104

[59] L. L. Hope: A Fast Gaussian Method for Fourier Transform Evaluation. Proc. IEEE **63** (1975) 1353

[60] J. L. Shanks: Computation of the Fast Walsh-Transform. IEEE Transact. on Computers **C-18** (1969) 457

[61] G. Scarbata: Walshfunktionen-Generator. radio fernsehen elektronik **22** (1973) 470

[62] W. Pahnke: Walsh-Funktionen und Signaldarstellung. radio fernsehen elektronik **21** (1972) 381

[63] B. Meffert, H. Quaas: Fortschritte bei der Anwendung von Walsh-Funktionen. radio fernsehen elektronik **23** (1974) 246

[64] R. Kitai, I. Renyi, T. Vajda: Using a Microprocessor in a Walsh-Fourier Spectral Analyzer, Computer **9** (1976) No. 4, 27

[65] R. Fuge: Korrelationsmessung mittels binärer pseudo-zufälliger Signale. messen steuern regeln **17** (1974) 250, 429

[66] R. C. Kryter: Application of the Fast Fourier Transform Algorithm to On-line Reactor Diagnosis, IEEE Transact. Nucl. Sci. **NS-16** (1969) H 1, 210

[67] P. Liewers: Reaktorrauschen, Kernenergie **16** (1973) 29, 205

6. Sachwortverzeichnis

FSC
www.fsc.org
MIX
Papier | Fördert gute Waldnutzung
FSC® C083411

Zeitfracht Medien GmbH
Ferdinand-Jühlke-Straße 7
99095 Erfurt, Deutschland
produktsicherheit@kolibri360.de